味缘

陆仁兴 著

江苏人民出版社

图书在版编目（CIP）数据

味缘 / 陆仁兴著. -- 南京 : 江苏人民出版社,
2020.3
ISBN 978-7-214-23566-4

Ⅰ. ①味… Ⅱ. ①陆… Ⅲ. ①饮食—文化—中国
Ⅳ. ①TS971.2

中国版本图书馆CIP数据核字(2020)第036866号

书　　名	味　缘
著　　者	陆仁兴
出版统筹	许文菲
责任编辑	王　田
出版发行	江苏人民出版社
出版社地址	南京市湖南路1号A楼，邮编：210009
出版社网址	http://www.jspph.com
印　　刷	江阴金马印刷有限公司 江阴市滨江西路803号，邮编：214443
开　　本	718毫米×1005毫米　1/16
印　　张	23.5
字　　数	228千字
版　　次	2020年3月第1版　2020年3月第1次印刷
标准书号	ISBN 978-7-214-23566-4
定　　价	123.00元

谨以此书献给我的母亲

母亲是一位平凡的江南女子，善良、慈爱、无私、温暖、坚强。她没有读过书，连自己的名字都不会写，却努力让八个子女知书达礼；她年轻时受过许多苦难和委屈，却始终向善而生，终遇美好。母亲在95岁高龄时，安然而去。“谁言寸草心，报得三春晖”，倘有来生，我们再续前缘。

序 一

温暖的力量

陆 叶

这一篇文章，迟迟动不了笔。

倒不是因为文思枯竭，而是纵有千言万语，抵不过心头的一切尽在不言中。

应邀为父亲之作写前言，除了受宠若惊外，更多的是几分压力。父亲几近完美的形象，出类拔萃的学识才情，让我恐班门弄斧，画蛇添足了去。

父亲早年在商界驰骋打拼，数十载如一日，兢兢业业，热忱踏实，在业界颇聚美誉。开创过历史，翻弄过潮流，独领过风骚，却依旧初心不忘，谦和自持。那个年代的创业人，在心头攒的是家成业成的梦想，肩头扛的是造福社会的责任。铢积寸累之外，更在乎百姓的一声称赞，口碑相传。我自幼在父辈艰辛创业中耳濡目染，看过风餐露宿的不易，听过坚守诚信的教诲，品过收获成功的喜悦，叹过白发上头的辛酸。犹记得1995年新年那场暴雪，满城皑皑积雪，道路封锁不便。父亲与员工推着小三轮车爬坡过同济桥送货，踏在雪地里深深浅浅的脚印，弯腰弓背的宽厚身影，令人动容、唏嘘。

创业虽艰辛，但父亲始终有爱好略作生活调剂。父亲幼时便喜好书法绘画，无奈家中贫寒，仅够温饱，只待读书时欣赏名家画作，暗暗记录吸收，自学成才。家境稍好后，他便利用闲暇时光，拜师修艺，潜心钻研，渐有建树。若只是粗粗品画收藏，不足为奇。依他的性子，总是要阅古鉴今，举一反三，一幅画能引出一位名家，道出一段历史，悟出一番深意。经常为了一处疑虑，购书阅读，三五本比对研究，终得豁然通透，其中愉悦与奥妙，溢于言表。

我经常暗自佩服父亲“十八般武艺样样精通”，似乎天下没有难得倒他的事情。小时候觉得他自带伟岸“光环”，长大后才明白是他一向严于律己、好学不厌，方博学多闻、术业专攻。

读书赏画，吟诗交友。自2016年，机缘巧合观看《中国诗词大会》，父亲便与诗词结下深厚缘分。其实往往画里藏诗，诗中绘景，总是相得益彰的。于是乎，已年过半百的父亲，拿起智能手机，插上耳机，见缝插针地重读中国诗词。日积月累，出口便能引经据典，教人羡慕不已，自愧不如。

妙就妙在，有灵性、悟性的人总会将各类艺术融会贯通。作画如此，作诗如此，做菜亦如此。熟人皆评价父亲为“儒商”，只因他不将身段局限于三尺灶台，不屈思维于锅碗瓢盆。谈起老本行，他必了然于怀。每道菜品背后的故事，就像书画诗词，皆可追溯。世人只道做菜品味，却少见追本溯源，穷究奥义。

这两年间，父亲偶有兴致，便挑出一道菜，结合古典文化，细枝末节娓娓道来，色香味之外，立体形象跃然笔墨间。创作越得劲，思路越开阔。凡是成稿，一一拜读，惊叹不已；传于友人同赏，颇受好评。

在家人、友人鼓励下，父亲遂有将近年习作汇编成册之念，既是对才情的一份纪念，也是对后人的一种启迪。

学厨、经商、藏画、吟诗、写书，如此经历，并非人生常态，也非常人所径。作为子女，骄傲万分，深感荣耀。

短短小序，不足记录父亲成就。与此相比，吾辈当敬以为率，乘胜努力。

二〇一九年九月二十九日 于味园

序 二

味无味处求吾乐

蒋伟平

王季迁先生收藏和鉴赏过许多倪云林的精品，从树石塑造太过浓重的《秋林野兴图》，到“逸笔草草，不求形似”的《江渚风林图》，翰墨缘令人欣羡。在跟倪迂隔空对话几十年后，王先生感慨，云林的妙处，全在无笔墨处。与恽南田同时的笪江上在《画筌》中也说过：“虚实相生，无画处皆成妙境。”套用两位前贤的话，陆仁兴先生的《味缘》，妙处也在“无味”之处。

一

《味缘》是一部讲述常州餐饮文化的书，内容包罗万象。《北大街上的网红“豆腐汤”》《说说常州大麻糕》，是常州人舌尖上共同的记忆；《拉风箱出身的名厨唐志卿》《常州雅厨严志成》，是上个世纪常州餐饮业的草根传奇；《“兰陵熗鳝”菜名的由来》《网油卷的前世今生》，则讲述了鲜为人知的餐饮掌故。《“青枫手擀面”的余香》《“特色红煨肉”的特色》，更是从专业的角度，金针度人。作为1977年恢复高考后的天之骄子，陆仁兴在常州餐饮界摸爬滚打几十年，阅人无数，实至名归。《味缘》的专业底色，跟江湖上的花拳绣腿，不可同日而语。对个人而言，这些内容只是记忆的片断。而从历史来看，它们可以为地方史拾遗补阙，给后来的研究者以新的视角。碎片固然不是历史，但历史却是由大大小小的碎片以某种逻辑串联而成。当年胡适劝人写自传，就是希望社会上做过一番事业的人，记下他们的生活，“给史家做材料，给文学开生路”。

二

知我者，谓我心忧，不知我者，谓我何求。《味缘》的与众不同和引人入胜之处，不仅在于“有味”，更在“有味”之外以及“专业人士”看来风马牛不相及的地方。

陆仁兴从小喜欢书法绘画，家贫未能如愿。投身商海并斩获了第一桶金后，他听从前辈王镇老师的话，远离犬马声色，把赚来的钱一部分壮大事业，一部分购买齐白石、傅抱石、钱松嵒等现当代名家的书画精品。藏品中，乡贤谢稚柳的书画尤其精彩，包括谢老在非常时期、困窘之中用短纸接成的山水长卷，晚年“落墨为格，杂彩副之”的落墨精品，以及精研张旭《古诗四帖》后笔走龙蛇、为曹漫之创作的书法对联……

平心而论，喜欢收藏书画的人何啻万千。而陆仁兴的收藏，在动辄花几千万购买《石渠宝笈》、“天禄琳琅”的豪客眼里，或许根本不算什么。但同样一件书画作品，在有些人眼里就是一张现金支票，而在陆仁兴那里却是跟前贤对话的窗口。当别人酒食征逐、秉烛夜游的时候，他却钻进书房，披沙拣金，去伪存真。“焚膏油以继晷，恒兀兀以穷年”。二十多年前，听说苏州文庙有一部郑振铎编辑的第一版《宋人画册》，他立即赶到苏州，把书买了下来。即使后来购置了《宋画全集》，他仍然把这本《宋人画册》放在手边，时时翻阅，反复感受古人的精神。陆仁兴还师事诗人、当代著名书画家、书画鉴定家、学者徐建融先生，经常请益，所获良多。业余的时间里，陆仁兴以诗词歌赋学习为日课，涵养性情，涤荡胸次。每到要紧处，唐诗宋词，张口就来，一点也不觉得违和。

三

孟子说，吾善养吾浩然之气。几十年传统文化的滋养，让陆仁兴对中国餐饮文化的理解更加透彻，既善于在有味处下手，更善于在无味处升华。当年，他在“桃李春”推出“糊涂鸡”时，同行们嘲笑：德州扒鸡、符离烧鸡、常熟叫化鸡……天下有这么多的名鸡，还缺你一只“糊涂鸡”？陆仁兴则信心满满地回答：天下既然有这么多的名鸡，多一只“糊涂鸡”又何妨？又有人说，好好一只鸡，叫什么不好，偏要叫“糊涂鸡”？陆仁兴说，因为郑板桥啊，郑板桥的“难得糊涂”其味无穷啊。

他在《“糊涂鸡”的神话》中写道：

“他(郑板桥)是个极为清醒的人，唯其清醒，正派，刚直不阿，而对现实无能为力时，才会有‘难得糊涂’的感叹。”

“‘难得糊涂’还有更深一层的含义，那就是‘大事不糊涂，小事不计较’”

“大事不糊涂，才会有大格局，才不会被眼前的小利所诱惑……小事不计较，才会有大气度。小事上懂得退让的人，往往有大智慧。”

“做人、做菜、做生意当然要‘认真’，大是大非、底线节操一定要‘坚守’，其余，则不妨难得‘糊涂’一番。”

还有：

“‘豆腐汤’看似不登大雅之堂，但上灶烧好一锅红白相间的‘豆腐汤’，业余唱好戏里戏外的人生角色，谁能说这仅仅是‘雕虫小技’？”（《双桂坊传奇人物李粹光》）

“‘精’就好像南宋文人画家郑思肖画兰，寥寥数笔，神形毕肖。”（《“青枫手擀面”的余香》）

“写诗讲究眼前景眼前色，做菜也是这样。”（《聊聊“凤尾水晶虾仁”》）

“‘诗中有画，画中有诗’是这样，诗意菜肴也是这样。文化的自信，从来都是具体而微的，它流淌

在历史的长河中，也抒写在衣食住行的人间烟火中。”（《唐诗新韵“人面桃花”》）

……

《味缘》中的这些正见，在一般“有味”的菜谱上，是不会有的，因为它们只是菜谱，其他没谱。《味缘》中的这些真知，在种种“无味”的心灵鸡汤中，也不会有的，因为它们是无本之木、无源之水。

四

药山惟俨有日看经，有僧问：和尚寻常不许人看经，为什么却自看？师曰：我只图遮眼。曰：某甲学和尚还得也无？师曰：若是汝，牛皮也须看透。为什么牛皮会看破？因为普通人往往执迷于只有自我的狭小见解，亦即佛法所说的“我执”“法执”。如果以“分别心”去读经，即使看破牛皮，终究在门外徘徊，甚至坠入外道。

不知是否受惟俨禅师的启发，宁财神在《武林外传》中也讲了个耐人寻味的故事：诸葛孔方是京城著名的食神和御厨，先皇曾经赐给他一把厨刀，厨刀的一面刻着“有味”（Wonderful），另一面刻着“无味”（Terrible），刀把上刻着“无所谓”（Whatever）。几十年来，御厨始终不明白厨刀上为什么刻这三个词。直到有一天，一位民间厨师告诉他，这三个词其实是一个意思：你觉得非常有味的东西，别人可能觉得实在无味，而你觉得非常无味的东西，也许别人觉得特别有味。皇帝眼里，小巷口刚出锅的韭菜饼，远比深宫里的山珍海味来得有味。而市井中的贩夫走卒、引车卖浆者流，一辈子最大的美食梦想或许是“满汉全席”、法国大餐。也因此，有味就是无味，无味即是有味，“有味”“无味”，都“无所谓”。

武学的最高境界，是手中无剑，心中也无剑。庖丁解牛，目无全牛，“以神遇而不以目视，官知止而神欲行”。一旦忘记了有味和无味，“合于桑林之舞，乃中经首之会”也就不期而至。

“味无味处求吾乐，材不材间过此生。”辛稼轩在《鹧鸪天·博山寺作》中化用了《老子》“为无为，事无事，味无味”。所谓“味无味”，是指知味必须从品尝无味开始，把无味当有味。而知味的更高境界，是脱略形迹，在无味处品咂有味。不懂得有味而谈无味，是欺世；不懂得无味而执迷有味，也是魔障。《味缘》旨趣，或在于此。

味，还是那个味，味，已不是那个味。

2020 年 3 月 21 日

目录

春风十里扬州路

1977年，中国恢复高考的第一年，我和来自天南海北的二十多位同学一起，考取了江苏省商业学校烹饪专业，从此跟扬州结下不解之缘。

41年后的2018年5月8日，当年寒窗共读的学子，怀着异常兴奋的心情故地重游——这里，是我人生启航的地方。

一

历史学家吕思勉感喟：一部二十四史，不知从何说起。扬州又何尝不是这样！它曾经是天下最繁华的都市，而隋炀帝因了贪看琼花而亡国丧身；它演绎了无数才子佳人的故事，更留下了“十年一觉扬州梦”“二十四桥明月夜”这样如诗如画的千古名句。西郊大明寺的平山堂上，“文章太守”欧阳修坐花载月，风流宛在；天宁寺御花园内的文汇阁中，“十全老人”乾隆皇帝御颁的四库全书插架盈屋，东壁流辉。李斗在《扬州画舫录》中不厌其烦地记下了扬州的流金岁月，而王秀楚的《扬州十日记》则是人类文明遭受巨大劫难时的惊鸿一瞥……

20 世纪 70 年代末的扬州，不通火车，靠摆渡过江，给我的印象是交通闭塞、经济落后。居民是早晨皮包水（喝早茶），下午水包皮（泡澡堂）。扬州盛产“三把刀”（厨刀、剃头刀、扦脚刀），擅长制作“三个头”（蟹粉狮子头、扒烧整猪头、拆烩鲢鱼头）。只是扬州人谈到家乡都很淡定自信，他们感觉扬州是天下最好的城市。这在那个年代，多少有点夜郎自大的味道——扬州怎好跟常州相比？

当时的常州特别风光。走在改革开放前列的常州，掀起了全国中小城市学常州的热潮，常州“小板凳上唱大戏”“螺丝壳里做道场”“一条龙”非但让常州插上了腾飞的翅膀，改革经验也得到中央高层的认可，并写进中央文件，这是何等的荣耀！记得当年大家都在传说，80 年代常州全市上缴国家利税相当于一个广东省的总额。常州的纺织系统更是行业的领头雁。毋庸置疑，常州人的优越感，用今天的话来了，简直“爆棚”了！

二

如果说，八九十年代常州的繁荣，得益于改革开放的时代大潮，那么，天下名郡的扬州则要感恩隋代的大运河贯通和随之而来的南北漕运。大运河让扬州成为九省通衢：天下熙熙，皆为利来；天下攘攘，皆为利往。上至帝王将相，下到贩夫走卒，络绎而来，不绝于途。文人墨客更是以扬州作为创作的基地，留下了大量诗词名篇。

说到诗词，让我想起了1977年高中毕业时，母校常州第一中学组织大家向学校提建议。当时我建议学校开设人文历史、诗词曲赋课程。或许在当时，这个建议过于超前。水到渠成，则是近几年的事。如今，各地电视台开设了许多传播中国传统文化的节目，最为红火的当属《中国诗词大会》。丰富多彩的唐诗宋词元曲，展现了一幅幅中国文化源远流长、深厚华滋的画卷。而在历代诗词歌赋中，描写扬州的名篇佳什更是指不胜屈。其中最广为人知的，也许是李白的《送孟浩然之广陵》：

故人西辞黄鹤楼，烟花三月下扬州。
孤帆远影碧空尽，惟见长江天际流。

李白是有着神性的诗仙，手挥目接，皆成锦绣。一首寻常的送别诗，也写得这样荡气回肠，不绝如缕。有人称“烟花三月下扬州”是古往今来最漂亮的城市广告语，这样说当然也不错，只是，这样的诗句在李白那儿是云水襟怀，而“城市广告语”云云，则不免有些市井气了。

三

扬州既然是千古繁华地，自然少不了才子佳人的风流韵事。“春风十里扬州路，卷上珠帘总不如”“二十四桥明月夜，玉人何处教吹箫”“东风不与周郎便，铜雀春深锁二乔”……出身名门望族的杜牧，在扬州为官正好三岁出头，雄姿英发，顾盼生辉，一举手一投足无不风情万种。“劝

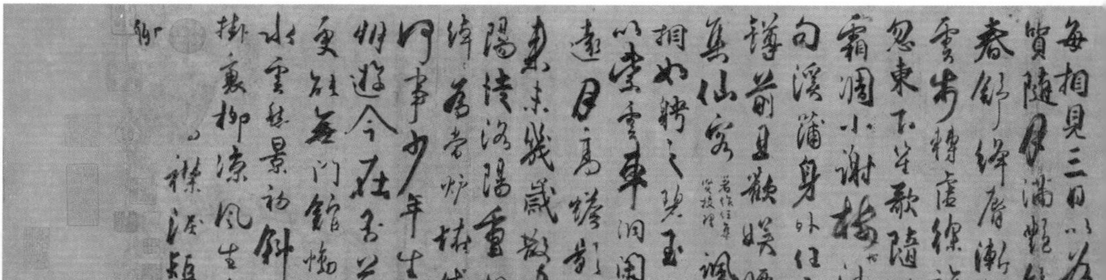

唐 · 杜牧《张好好诗》

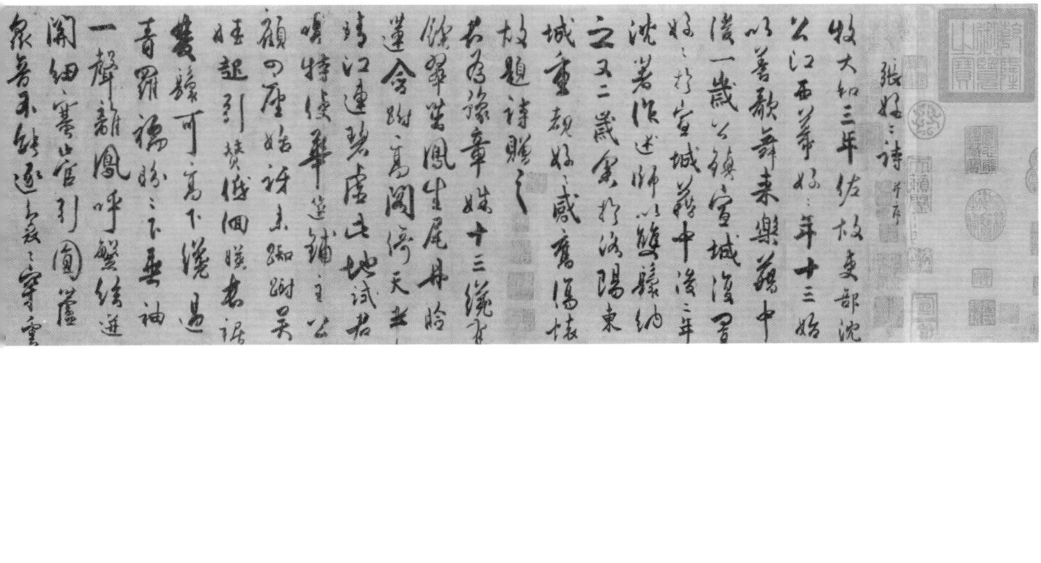

君莫惜金缕衣，劝君惜取少年时；花开堪折直须折，莫待无花空折枝。”这首无名氏创作的《金缕衣》，杜牧后来把它引入了《杜秋娘诗》注中，其实，这又何尝不是诗人自己的写照。

杜牧在扬州做淮南节度使牛僧儒的掌书时，常常白天办公，晚上红袖侑酒。选歌征妓，盛会空前。几年后杜牧调任京官，牛僧儒为他饯行时说：你很有才干，前途无量。但要懂得节制，不要伤了身体，还授人以柄。刚开始杜牧还不好意思承认，牛僧儒就叫人拿来一个盒子，里面满满的纸条，一条一条记载着杜牧的风流韵事：某年某月杜书记在某红楼歇宿。原来牛长官一直在暗中派人保护杜牧，杜牧看后羞愧难当。但风流才子本性难移，离开扬州时，杜牧作了三首诗，其中一首云：

娉娉袅袅十三余，豆蔻梢头二月初。

春风十里扬州路，卷上珠帘总不如。

这些才子佳人的美谈，几百年来一直在民间流传。也因此，四十年前，当我拿到商院录取通知书的时候，好多长辈告诉我：扬州是出美女的地方，扬州姑娘一枝花，一定要在扬州找一个美女做老婆。

其实，想在扬州寻找美女的大有人在。扬州有一条千年老街——东关街，东关街上有一个邮政所，同学们的汇款和邮寄东西都在那里办理。大家发现，邮政所里有一位女工作人员十分漂亮，年纪不到三十岁。当时大家就传开了：扬州真有美女！从此，同学们上街就喜欢绕到东关街，有意无意地去邮政所门口探望一下扬州美女。

四

40 年的时间，说长不长，说短也不短。扬州东关街邮政所里的“女神”，大概早已退休，而当年一班青涩少年，如今大多两鬓斑白，儿孙满堂。

2018 年 5 月 8 日下午，当年的同学们陆续到达扬州，岁月的风霜，刻在了每一位同学的脸上。故地重游，首先乘坐观光三轮车，一路听车夫讲解街景到护城河边。漫步在护城河边，看到河水清澈，两岸绿树成荫，草木茂盛，繁花似锦，大家感慨万千。1978 年春，开学到扬州报到后，我立即参加了护城河整理疏浚的 781 工程，大家在河堤上整整苦战 15 天。眼前清澈的河水里，还流淌着我们青春的汗水啊。

从盐阜东路 10 号进入“个园”游览后便直接抵达千年老街——东关街。东关街东至古运河边，西至国庆路，全长 1200 米。街道两旁共保留 31 条历史名巷，小巷弯弯曲曲，娉娉袅袅。每条巷子都有名字和来历，更有耐人寻味的故事。有的因形似剪刀，取名“剪刀巷”；有的因在赏琼花之地，取名为“得观巷”；最让东关街人为之骄傲的，是那条窄窄的“田家巷”。

据说，崇祯皇帝有个非常宠爱的贵妃，叫田秀英，她便出生于东关街的这条小巷中。田贵妃多才多艺，曾依照扬州园林的风格，拆高墙、树栅栏，筑假山、栽花草，挖池塘、养金鱼，建长廊、遮烈日……改造自己居住的承乾宫。崇祯万机之暇游览到此，激赏不已。如今和东关街上，商家林立，行当俱全；

生意兴隆，繁华依旧；唐宋遗韵，触手可及，尤其能感受到杜牧的“春风十里扬州路”描述的晚唐扬州繁荣气息。

扬州，古称广陵、江都、维扬，姜白石“淮左名都，竹西佳处”是这座城市最好的名片。早在1400多年前，隋炀帝三下扬州长期办公，并把扬州地位提升为三京之一，大运河的贯通让扬州建立辐射全国的交通网。唐朝有“扬一益二”之说。扬就是扬州，益就是成都，都是当时天下最繁华的城市。学者郦波说：唐朝的扬州相当于现在的纽约。扬州是唐帝国夜晚唯一可以亮灯的城市，是世界著名的不夜城，也是唐朝的商业经济中心。扬州的辉煌，一度让当时的两京长安和洛阳都黯然失色。

五

到了扬州，是一定要品尝淮扬美食的。作为中国传统四大菜系之一淮扬菜，发源于扬州、淮安，菜品形态精致，滋味醇和。在烹饪上则善用火候，讲究火功，擅长炖、焖、煨、焐、蒸、烧、炒。原料多以水产为主，注重鲜活，口味平和，清鲜而略带甜味。宋代，“文章太守”欧阳修常常在平山堂诗酒文会、大宴宾客；“食神”苏东坡与四学士“飞雪堆盘烩鱼腹，明珠论斗煮鸡头”（黄庭坚诗《次韵王定国扬州见寄》），给淮扬菜系注入文学的新鲜血液；到明代万历年间，《扬州府志》记载：“扬州饮食华侈，制度精巧，市肆百品，夸示江表……”足见其时的扬州饮食，已经傲视江南了。

历史的传说，飘荡在古城大街小巷。现代扬州的饮食文化，

宋 · 燕文贵《溪山楼观图》

继续演绎着华美的乐章。到扬州的第二天早晨，扬州富春餐饮集团公司周总尽地主之谊，请同学们品尝最有本地风味的富春特色早茶。

富春茶社始创于1885年，经过多年的不懈努力，早已被公认为淮扬菜点的正宗代表。巴金、朱自清、冰心、林散之、吴作人、梅兰芳、赵丹等大家和文艺巨匠都留下了墨宝和赞语。

富春早茶由冷菜烫干丝、水晶肴肉、虾籽卤香菇、油爆大虾；热菜文思豆腐、鸡汁干丝；点心千层油糕、三丁包、翡翠烧麦等扬州名菜名点和每人一杯富春茶组成。归纳起来，主要有这样几大特色：

首先是富春茶，富春茶是富春茶社自己加工窨制的，名叫“魁龙珠”，即魁针、龙井、珠兰三种茶叶的合成品，所谓魁针色、珠兰香、龙井味，色、香、味俱全；同时，讲究用锡壶烧沸开水泡茶。头道茶，珠兰香扑鼻；二道茶，龙井味正浓；三道茶，魁针色不减。

其次是文思豆腐与烫干丝的刀功。文思豆腐为扬州名菜，据传是天宁寺一个叫文思的和尚创制。文思豆腐原料是一块豆腐，改刀切成6000根豆腐丝，烹制成羹，精美绝致，完全就是一件菜肴艺术品；烫干丝是将一块3厘米厚的豆腐干，放在砧板上用刀批成厚薄均匀的23片，再切成像火柴棒一样的细丝，每根豆腐干丝细而不断，细而不绒，可烫、可煮，风味独特，脍炙人口。

其三是富春的小笼细点，造型美观，咸甜适中。其中，翡

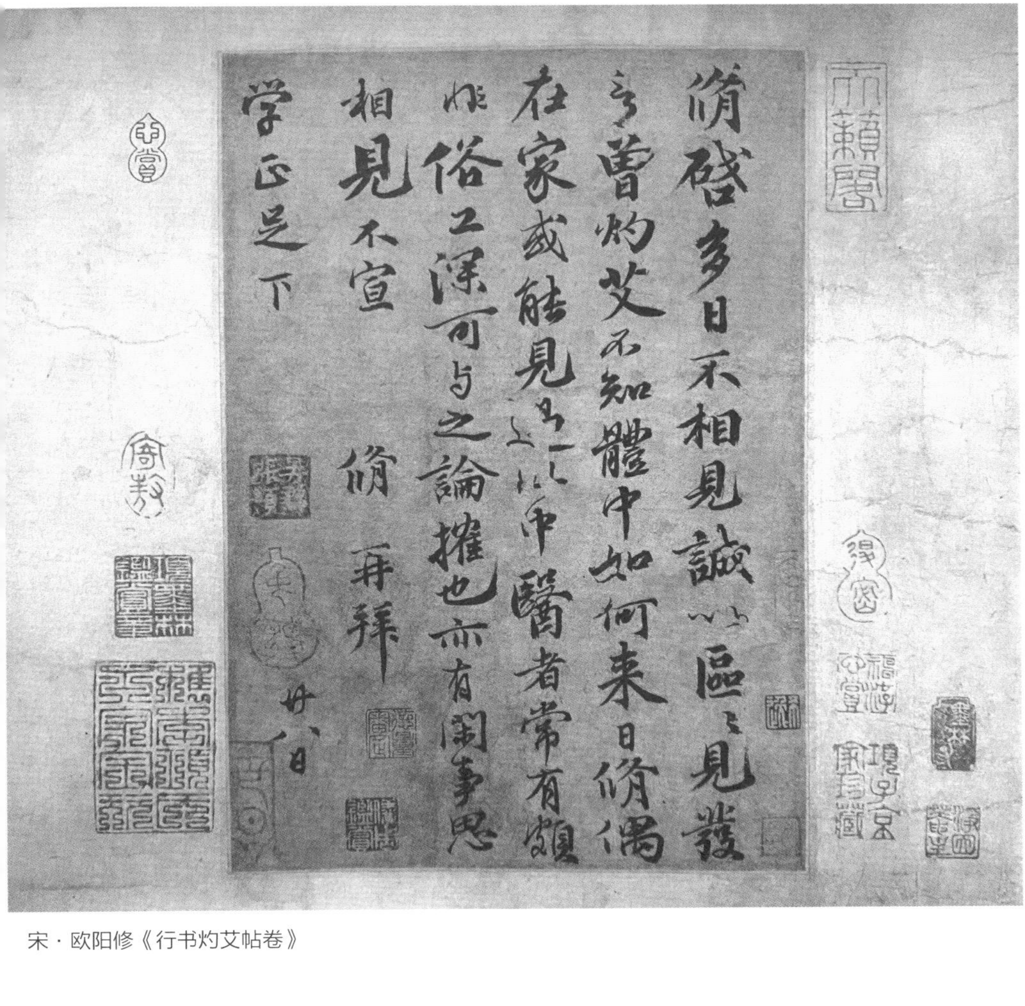

宋·欧阳修《行书灼艾帖卷》

翠烧麦皮薄如纸，馅心碧绿如翡翠，味甜清香；千层油糕，糕呈白色，半透明，层层分清，绵软而嫩，甜润可口，油、糖多而不腻。千层油糕实为64层，称“千层”是夸其多。

品罢富春早茶，大家移步游览瘦西湖。“天下西湖，三十有六”，唯扬州的西湖，以其清秀婉丽的风姿独异诸湖。一泓曲水宛如锦带，如飘如拂，时放时收，较之杭州西湖，另有一种清瘦的神韵。清代钱塘诗人汪沆有诗云：“垂杨不断接残芜，雁齿虹桥俨画图。也是销金一锅子，故应唤作瘦西湖。”瘦西湖由此得名，并蜚声中外。我们沿湖信步大虹桥、五亭桥、二十四桥；折回来往白塔、风亭、钓鱼台；乘船四望月观、望春楼、熙春台……

扬州啊扬州！天下三分明月夜，二分无赖是扬州。

扬州啊扬州，一座让人不得不仰视的历史文化名城。

“网油卷”的前世今生

前不久看到的一篇文章讲到，德国的许多中小企业都是家族企业，几代人守着一种产品，锲而不舍，精益求精，不但在世界市场上声名远扬，而且锤炼出了著名的德国“工匠精神”。德国是个哲学的国度，国民对于创新和坚守的理解，让人肃然起敬，也让我想起了我与“网油卷”几十年的缘分。

常州“网油卷”，有着自己的基因和血统

2018年10月13日，我担任东方盐湖城美食节活动的评委。一大早，盐湖城的中巴车就来接我，同车人中，有原常州厨师培训中心张燕生主任等。一路上，有位烹饪大师与记者侃侃而谈，从常州餐饮历史文化到名菜名点，妙语连珠。说到“网油卷”，更是语出惊人：“‘网油卷’不能算常州名菜，全国好多城市都有此菜名。”说完，他转过头来向我问道：“是不是？”我淡淡一笑，说：“你讲的有一定道理，但既知其一，不可不知

其二。”

“网油卷”在其他城市确实有，但做菜的原料、成品和口味却大相径庭。

原武汉第二商业学校1976年编撰的教材《烹饪学》中第281页就有“网油卷”一菜。此“网油卷”选用猪肉、猪网油、白糖、精盐、醋等原料，猪肉经刀工处理后制成茸状，用网油将猪茸卷成长条形状，然后改刀成一寸长的“寸金段”，经挂糊油炸后再浇上糖醋汁。成品质地酥软，酸甜可口。

其他教材或菜谱中还有：“网油鸡卷”“网油虾卷”“网油鱼卷”等等，此类菜肴均属“咸菜”，是咸鲜口味或酸甜口味。

常州的“网油卷”选用猪网油、高级赤豆沙或枣泥卷成长条，改刀“寸金段”，挂发蛋糊经油炸而成，捞出装盘撒上白糖即成，成品微脆而软、香甜盈口，纯属“甜菜”。

由此可见，此“网油卷”完全不同于彼“网油卷”。常州网油卷，有着自己的基因和血统。

常州“网油卷”的取名，有点“不伦不类”

在烹饪基本知识、基本理论、基本技能中，制作菜肴的方法分两大类：常规菜肴和花色菜肴。

常规菜肴制作方法又分三种：一是完全由一种原料构成的菜肴，如“砂锅全鸡”“香酥鸭”“清炒虾仁”；二是由主料和辅料配制的菜肴，如“蟹粉狮子头”“香菇菜心”“鲫鱼炖蛋”；三是由几种同等分量的原料配制的菜肴，如“三片汤”“李鸿章大杂烩”等。

花色菜肴制作方法主要有：叠、穿、卷、扎、排、酿、包等。

叠，就是把不同颜色的原料加工成片状，间隔地叠在一起，中间涂一层粘性原料，使其粘在一起，如“锅贴鸡”；

穿，就是把整个或部分的出骨原料（鸡鸭），在出骨的空隙处凿成孔状，穿入其他原料，使其形状美观，如“兰花凤翼”；

卷，就是用各种韧性的原料批成长方片（或直接用猪网油），再用各种不同滋味、不同颜色的原料，切成细丝或斩成茸末，分铺在片上，然后卷起，改刀成“寸金段”，挂糊入油锅炸至成熟。如“三丝鱼卷”“网油虾鸡卷”等。

扎、排、酿、包……

卷既然是花色的制作方法之一，用卷的方法来制作的菜肴命名也是有规制的，如“三丝鱼卷”，就是用鱼片卷上三种不同颜色的原料的丝。“网油虾鸡卷”，就是用猪网油卷上虾茸与鸡茸。但常州的“网油卷”却没告诉你用网油卷的是什么。

如果“网油卷”告诉你，用网油卷上豆沙或枣泥，再挂上发蛋糊，经油炸成型，捞出装盘，撒上白糖即可食用的话，那这样的“网油卷”完整的叫法应该是“高丽豆沙”或“挂霜网油卷”。

在烹饪传统文化中，使用发蛋糊制成的纯甜菜均叫“高丽”，如“高丽肉”“高丽寸金卷”——用“高丽”命名的菜肴原则都是“甜菜”。制作纯甜菜也有三种特定的烹调方法：蜜汁、拔丝、挂霜。

蜜汁一般有两种做法，一种是将白糖用水溶化，再将已煮熟的小型原料放入熬煮，勾芡出锅即成，如“蜜汁山药”“桂花元宵”。另一种是将原料扣在碗里上笼蒸至酥烂装盘，再把糖汁勾芡浇在菜肴上，如“蜜汁莲心”“蜜汁火方”。

拔丝又叫拉丝，是将经过油炸的小型原料，放入已将白糖与水熬成糖浆的锅内快速翻身，使之原料满身裹上糖浆，及时出锅装盘上桌，客人用筷子一夹一拉便能拔出丝来，如“拔丝苹果”“拔丝土豆”。

挂霜也有两种方法，一种是先将白糖加少量水熬溶，再放入炸好的原料，拌匀取出，冷却后外面凝结一层糖霜，此菜适宜热制冷吃，如“挂霜腰果”。第二种是将炸好的原料装盘，上面直接撒上白糖，疑似下霜，如“挂霜香蕉”。常州“网油卷”就属此烹调方法。

综上所述，常州名菜“网油卷”的菜名取得有点“不伦不类”，或者说有点“断章取义”。从菜名上看，不论你是内行还是外行，初次听到“网油卷”时会摸不到头脑，要吃了才知道是什么菜，这也许就是常州餐饮的一种特色。就像常州名点“大麻糕”，明明是“饼”，常州人却叫它“糕”，“糕”其实是指的米粉制品。还有常州“豆腐汤”，明明是“豆腐羹”，常州人偏偏叫它“豆腐汤”，“汤”与“羹”是有本质区别的，烧汤勾芡便称“羹”。

当年，煤炉师傅见到“网油卷”都“头痛”

1980年，我到兴隆园菜馆工作，当时，“网油卷”属于高难度制作菜肴，平时客人点击率很低，偶然有老顾客请客才会点“网油卷”。有时厨房没有网油或豆沙，还要退单。即使有网油与豆沙，制作出的成品也大多是“废品”——大小不一、露馅漏底、空饼无馅等，成功率很低。当时的煤炉师傅见到“网油卷”都“头痛”，总是推三阻四不愿意烹制，到最后没办法推了，才硬着头皮做，结果往往不理想。

20世纪80年代初，红色资本家刘国钧的后人从香港回常探亲，亲朋好友聚餐都在兴隆园菜馆。特别是一些老政协委员与工商联成员，经常到兴隆园菜馆“劈硬柴”聚会，所谓“劈硬柴”，就是AA制，每次每人3元或5元，8个人左右。当时常州老百姓在饭店里办结婚酒席，每桌8元到12元，可见他们聚餐的规格是很高的。所以，他们每次都要求特级厨师严志成亲自开菜单、亲自制作、亲自烹制，严大师每次要为他们忙上两天。第一天叫做“做隔夜”，就是准备好原料，如亲自挤虾仁、涨发鱼肚、剥蟹粉等。这帮“吃货”聚餐总要严老安排一道甜菜，如“炒三泥”“琥珀莲心”等，但严老很少安排“网油卷”。有一次，“吃货”们特地点了“网油卷”。

那一天，仍然由严老亲自掌勺，他从清炒提大河虾仁、腻蟹糊、烩鱼肚、松鼠桂鱼等开始烹制，就是不做“网油卷”，我做他的助手，已经将蛋清打好泡沫待用，但等到发蛋泡沫已

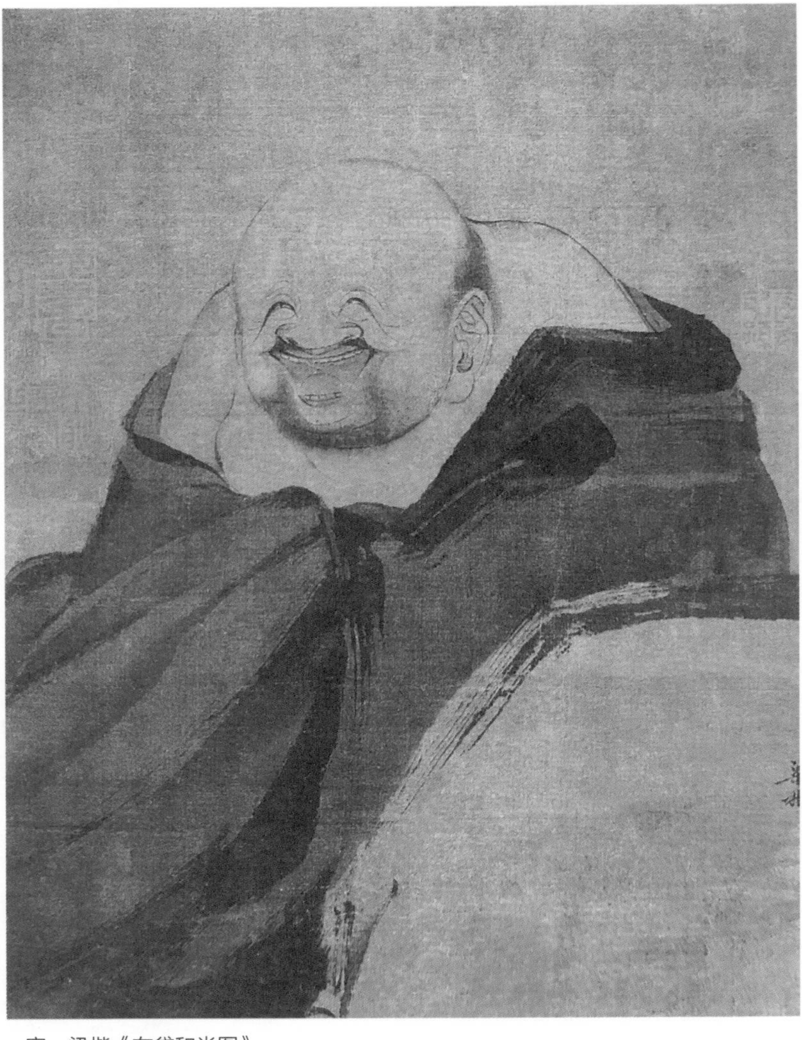

宋 · 梁楷《布袋和尚图》

干瘪不能再用，他还没做“网油卷”。等他把所有菜肴烹制完成后，我只好重新打发蛋交给严老让他制糊，他接过发蛋后，抓了一把味精放入发蛋里进行搅拌制成发蛋糊。我们所有的厨师都看愣了，严老制作“网油卷”又有“新招”？我们都不敢出声。只见严老逐个将“网油卷”坯子挂上“发蛋糊”入油锅炸制，结果“网油卷”全部漏底，发蛋糊成为一个个“降落伞”，此时严老纳闷。我悄悄地跟他说了一句话，他听后便说：“试验试验的。”原来严老患有白内障，视力差，将味精（当时的味精是粉状）错看成是干淀粉了。

制作“网油卷”，新办法解决了老问题

自那次“试验”以后，兴隆园菜馆的厨师没人愿意主动做“网油卷”。此时，我开始研究怎样做好“网油卷”。

“网油卷”为什么这么难做呢？80年代末出版的《常州菜谱》第183页是这样记录“网油卷”做法的：

一、用料

主料：猪网油三两，甜枣泥五两。

配料：鸡蛋清四只。

调料：白糖一两五钱，干淀粉五钱，熟猪油三斤（实耗二两）

二、制法

1. 网油漂洗干净，摊平晾干，切成一尺二寸长、三寸宽的长方块二张，将枣泥分放在网油的一边，

卷成八分粗的长圆条形，然后切成一寸长的卷段共二十四个，放盘内待用。

2. 鸡蛋清打发呈泡沫状，加干淀粉搅成发蛋糊。

3. 炒锅上炉，放熟猪油，至七成熟，锅离火，分别将每个卷段挂上蛋糊入锅（个形要圆而匀），仍将锅上火，用铁勺舀油浇面，再用漏勺翻动，炸呈象牙色时捞起，装盘，撒上白糖即成。

三、特点

微脆而软、香甜盈口。

从菜谱中看，“网油卷”制作主要存在以下几个问题：一是“网油卷”的坯子略大略重（八分粗，一寸长）；二是鸡蛋清太少（只有四个），制成发蛋糊后裹不住“网油卷”坯子，下油锅后发蛋糊更托不住“网油卷”坯子重量，坯子直接掉下油锅，成品就成发蛋糊饼（俗称降落伞），油也变黑；三是在制作发蛋糊时全部使用的干淀粉不正确，干淀粉下发蛋糊时把发蛋里的少量水分全部吸干，制作出的发蛋糊没有韧劲，很毛不光精；四是制作手法不对，“网油卷”坯子入发蛋糊后，用右手拿起放入油锅时五指同时放开，结果“网油卷”外壳就有三到五个手指破面，“网油卷”就露馅了。有些厨师是用一双筷子捡夹的，下油锅后直接沉入锅底；五是发蛋糊太少，做“网油卷”时第一个最大，逐渐变小，最后大小不一。

原因找出后，我就开始尝试新的制作方法。

第一，将“网油卷”坯子的寸金段改搓成圆的球状，便于手拿与挂糊。

第二，将4个鸡蛋清改为8只鸡蛋清，24只“网油卷”坯子改成12只，确保发蛋糊足够用，每只“网油卷”都能均匀地裹上发蛋糊，大小一致。

第三，改变制作发蛋糊只用干淀粉的做法，增添使用湿淀粉，干湿比例1:1。同时增加淀粉的量，使之制出的发蛋糊有韧劲，光滑，有浮力。

第四，改变制作手法。“网油卷”坯子放入发蛋糊后，用右手三个指头拿住“网油卷”向顺时针方向使劲转几圈，见发蛋糊表面光滑后，就挑起一大团块发蛋糊，将发蛋糊最厚实的一面放入油锅做底面，这样就能托住“网油卷”坯子，让它浮现在油面上。收手时先收大拇指，用大拇指顺势轻轻一推，使“网油卷”完全进入油锅，这样做的“网油卷”不会露馅，不会漏底，个个饱满。

第五，改变油锅油温。原来认为“网油卷”入油锅后漏底是油温太低，所以要求七成热油温（一成油温大约22摄氏度），发蛋糊的浮力解决后，油温就可低点，两成油温便可以操作，因油温低不会马上炸焦，所以操作有充足的时间，大小个形就能保证。

1981年，常州市商业局举行了烹饪技能比赛，项目之一就是做“网油卷”，兴隆园菜馆推荐了我参加比赛。比赛地点在常州锻造厂大食堂，8只铁桶煤炉依次排列，现场围观人山人海，有饭店厨师、有普通市民，还有烹调爱好者。参赛厨师按批次上场，先上场的厨师，基本按照菜谱做“网油卷”，结果可想而知。轮到我上场后，我就用新的方法开始制作，结果是全场轰动。

一次左手制作“网油卷”的特别记忆

1983年，常州饮服公司成立厨师培训中心，张燕生任主任，一级厨师唐志卿任副主任，我任教研室主任。张燕生1966年从部队复员到饮服公司参加工作，任职保卫科。70年代末，张燕生的夫人被常州某医院诊断为乳腺癌，已不能开刀。张燕生通过朋友请来中山医院专家诊断，结果是乳腺炎，经手术治疗不久痊愈。张燕生为了感谢朋友的帮忙，每年春节设家宴款待朋友，在没有与我共事之前，他都是请兰陵饭店陈卫良师傅制作菜肴的。

1984年春节，张燕生请客，邀请我去烧菜，并把唐志卿列入贵客名单。唐志卿前辈来赴宴，我制作一桌菜等于是一次全方位烹饪考试。张主任知道我“网油卷”做得好，特别要求做“网油卷”。他说：“我在家请客多年了，从来没做过网油卷。这次唐老师来，你做一下让大家尝尝。”

不巧的是，请客隔夜，我骑自行车回家，转弯时太快，撞到了墙角上，右手撞破。第二天张主任见了说：“怎么办？能烧菜吗？”我说：“能，没问题，就是‘网油卷’可能做不了了。”张主任听后急了：“不行，我早已告诉朋友今晚吃‘网油卷’，没有的话大家要失望的。”我说：“好吧，我就用左手来做‘网油卷’吧。”

凭着对“网油卷”制作的独到心得，当天我用左手做出的“网油卷”个个饱满，大小一致，色泽牙黄，香甜可口，唐志卿老师和在场的客人的交口称赞。

多年后，当我看到“扬州八怪”之一的高凤翰“左书”时，内心中特别有感慨：高凤翰如果没有全面而深厚的书法绘画和金石碑版基础，无论如何也写不出后期朴拙生辣、风格奇肆的“左书”的。

常州“网油卷”，倾倒杭州“知味观”同行

1986年秋，张燕生和我带领常州年轻的二级厨师袁茂红、刘国钧、窦新良、翟启纯、王文林、王成林到杭州参观学习。到达杭州当天下午就拜访了杭州市烹饪协会，烹饪协会的会长听说我们是来自常州的二级厨师后，只是礼节性地接待了一下。当我们提出请杭州的名厨为我们示范几个杭州名菜时，对方说：“可以，但你们也要表演几个常州名菜，而且都以二级厨师出场，地点在百年老店知味观。”我与张燕生交换一下眼神，马上就答应下来。

回到旅馆后，商议表演菜品，大家七嘴八舌，菜品很难统一。这时，我说：“他们示范杭州名菜，很可能会做西湖醋鱼、炸响铃、东坡肉、龙井虾仁、桂花栗子等。我们要围绕他们现有的原料，做出的菜肴才有可比性，他们备料比较方便。”大家同意我的观点，我开出5个菜名：网油卷、一尾顶天、糟扣肉、双尾虾托、香炸虾丝。原料很简单：猪网油、豆沙或枣泥、草鱼一条、河虾与虾仁及常规调料。

当晚，知味观安排便餐招待我们。餐前我们将料单交给知

清 · 高凤翰《层雪锻香图》

味观经理，经理与我同姓，见到料后微微一笑，言下之意：原料太普通，能做出什么像样的菜？

第二天下午，在知味观厨房正式表演，东道主先示范，果然不出所料，知味观示范的就是上述的5道杭州传统名菜，而且是日常供应的做法，未有任何装饰。常州方面有我制作“一尾顶天”与“网油卷”，袁茂红制作“双尾虾托”与“香炸虾丝”，刘国钧等人制作“糟扣肉”。我在制作“网油卷”时杭州的厨师看呆了，就连窦新良看了也很惊讶。他说：“我出国到英国短短几年，回来后听夫人讲常州厨师有个陆仁兴，能说能做，今天亲眼看到，名不虚传！”

菜肴制作完毕后，双方的菜肴放在一起进行讲评。东道主知味观厨师长先讲解，此人曾在北京人民大会堂工作过，见过大世面，他三言两语就介绍完了。接着常州方面介绍：我把“一尾顶天”与“西湖醋鱼”“网油卷”与“桂花栗子”“糟扣肉”与“东坡肉”“双尾虾托”与“龙井虾仁”“香炸虾丝”与“炸响铃”一一对比介绍，并言明今天的“网油卷”“糟扣肉”是常州传统名菜，其他三只为创新菜。我介绍完后，知味观的陆经理赶紧救场，他重新介绍了杭州的历史文化与名菜。

晚上，知味观高规格宴请我们一行，杭州烹饪协会领导全部参加，并祝贺此次烹饪技艺交流成功。

常州“网油卷”，从谈虎色变到发扬光大

“网油卷”记录在《常州菜谱》中，按照菜谱中的描述与

制法是做不成“网油卷”的。“网油卷”作为常州传统名菜，它出自哪个年代？并没有详实的文献记载。现在有人说是宋代大文豪苏东坡发明的，也只能姑妄听之。地方名菜不一定都要套上名人的光环，更不能光有菜名与菜谱。关键是要把它进行改良与规范，便于厨师能学、能做、能传承。

跟“网油卷”打交道已近四十年了，四十年来我记忆犹新的是当年许多厨师见到“网油卷”谈虎色变的场景，顾客也只能望洋兴叹，而不能真正品尝到完整的“网油卷”。从几十年前开始的研发、改良、传授、传承，到今天发扬光大，“网油卷”几乎与常州餐饮行业一同成长，这期间，究竟有多少常州市民品尝过它，已无法统计。但大多数人不知道“网油卷”从发明到改良的过程，更不知道以前厨师做出的“网油卷”是多么惨不忍睹。

物是人非，前辈厨师已经作故，但历史常在。每当在饭店餐桌上看到大小一致、色泽牙黄、圆而均匀的“网油卷”时，我常常会想起自己与“网油卷”的这段缘分。“网油卷”的“前世”虽杳然不可求，但更可喜的是它的“今生”，至少，在我们这一辈厨师，“网油卷”的接力棒非但没有失落，而且已经顺利地交到了年轻一代的手中。在厨师培训中心任教期间，我负责培训了十期三级厨师培训班，共培养出300余名厨师，每期教学“网油卷”都由有我亲自传授。现在常州许多饭店的厨师均能制作“网油卷”，而且质量都很好。正是一代又一代人的坚守和接续，中华文化才源远流长，绵绵不绝。

“糊涂鸡”的神话

1989年秋天，常州餐饮市场因为一只“糊涂鸡”而热闹起来，总共几百米的南大街上，曲曲折折排起了150米的长队。街头巷尾，“糊涂鸡”是人们津津乐道的话题。三十年来，“糊涂鸡”的风风雨雨，见证了时代的变迁和常州餐饮市场的发展，也书写了我人生中厚重的一页。如今“糊涂鸡”早已是三鲜美食城的“当家花旦”。

——1990年，“糊涂鸡”被常州消费者协会、常州日报社等被评为“消费者信得过产品”；

——新华日报、常州日报相继报道了“糊涂鸡”创造奇迹、救活企业的故事；

——著名电影表演艺术家孙道临品尝“糊涂鸡”后，挥毫书写了“难得糊涂”四个大字，点赞鼓励。

……

唐代是中国文化的高峰，“糊涂鸡”即出自大唐宫廷。它带着皇家的血统和矜持，缓缓而来，在龙城的大地上发扬光大，飞入寻常百姓家。它传递的是一种美食，一种文化；创造的是一个品牌，一种口碑；演绎的是一段历史，一种人生。

“糊涂鸡”，其实并不糊涂。

“糊涂鸡”最初是一道宫廷菜

20世纪80年代末，由于种种原因，经济出现滑坡现象，餐饮行业也未能幸免。当时我任常州厨师培训中心副主任兼桃李春菜馆经理，菜馆营业额日益减少，无力支付日常开销。

企业如何脱离困境？经过调研，我决定走大众消费之路，开发一种既能满足大众消费又赏心悦目的拳头产品——选用最普通烹饪原料“鸡”来创制菜品。

当初做出这个决定，不是没有顾虑。因为，“符离集烧鸡”“德州扒鸡”“白斩三黄鸡”“叫化鸡”等早已成为名菜佳肴，家喻户晓，再要创一只鸡的品牌，难度可想而知。但回过来想，既然有这么多“名鸡起舞”，充分说明消费者对鸡的欢迎程度，再多一只也无妨，关键是如何加入这些“名鸡”的俱乐部。

启发我思路的，是一个唐代的故事。

1986年春，常州市商业局、常州市饮服公司委派我到商业部沈阳培训站学习宫廷菜。其间，听到了这样一个故事：

唐高祖李渊有一个爱妃久病不愈，宫廷御医想尽办法也治不好。高祖很生气，换一个御医重新把脉开方抓药，并送交御膳房进行煎熬。此时宫廷里有个新来的小厨师，整天瞎晃悠。

那天，他将刚宰杀好的、洗干净的一只光鸡，拎在手里在煎药房四处游走。正在他哼着小曲儿吊儿郎当的时候，突然听到“皇上驾到”，吓得赶紧跪下磕头。手中的鸡无处可藏，慌乱中随手塞进了正在煎熬的药罐里。其实皇上也是到处走走，随便看了会，说了几句客套话就到别的地方去了。

待皇上走后，小厨师赶紧打开药罐，此时药已沸腾，鸡淹没在药汤之中，无法拿起，小厨师无奈，只好又盖上药罐子。等到取来捞漏，御膳房里已是异香扑鼻，四处飘散。贵妃循香走来，见到此鸡，食欲大开。高祖龙颜大悦，叫人如法炮制，从此治好了爱妃的厌食症。

此鸡因是误投药罐而成，故称“糊涂鸡”。

“糊涂鸡”轰动一座城

为了把“糊涂鸡”生意做好，桃李春菜馆在《常州电视节目报》上刊登了一则广告：特价供应——“糊涂鸡，每斤6.8元。”在当地报刊上登营销广告，桃李春菜馆是常州餐饮行业第一家。

刚开始的生产计划，是每天供应20只“糊涂鸡”，营业额增加350元左右。这样的设想，在那个年代已经很大胆了——一般饭店卖卤菜，三天卖不了5只白斩鸡或酱鸡。当时桃李春全店月营业额不到3万元，如果每天能卖掉20只“糊涂鸡”，全月能增加1万元营业额，企业就能走出困境。

《电视节目报》每周五发行。那天下午，20只“糊涂鸡”小心翼翼地出现在众人面前。10分钟，仅仅10分钟，20只鸡

宋·文同《墨竹》

一抢而空。第二天，25只上柜，又是10钟卖光。我和全店员工悬着的心放下了，胆子也更大了。从第三天开始，每天供应200只，边制作边供应，结果每天都很快卖完。

“糊涂鸡”供不应求，生产数量节节攀升，为了确保质量，首先扩大厨房，在原有四台大灶的基础上，又增砌了两台大灶，每锅同时可烧25只左右。

1989年12月5日，是个令全店员工激动不已的日子——“糊涂鸡”经过不到2个月的销售，已接近10000只。这时，我又想出了一招，在报纸上做了一个“不知道幸运者是谁？”的广告，承诺第10000只“糊涂鸡”的买主，将得到饭店赠送的一组奖品。

那天，桃李春菜馆门前，购买“糊涂鸡”的人群塞满了街道。交警不得不出面向我警告，我只好亲自上街维护秩序。当天“糊涂鸡”销量突破1000只。

“糊涂鸡”凭什么一鸣惊人

世界上没有无缘无故的爱。前面说过，餐饮市场上早已经“群鸡起舞”，“糊涂鸡”葫芦里到底卖的什么药，一上市就引起轰动，并迅速成为大众消费的新宠？

首先是工艺考究。“糊涂鸡”尽管选用的料是最普通的，但制作工艺非常讲究，程序也很繁琐，用通俗的话来说，这是一只功夫菜。它集南京“桂花盐水鸭”的热盐擦、老卤复，常熟“叫化鸡”的腌汁上色，广州“广式凤翅”的油炸起酥，山东“符离集烧鸡”的红卤入味，“北京烤鸭”的烤制生香等于一身，配上 8 种香料，经过数十道工艺烹制而成。

其次是菜名亲民。“糊涂鸡”菜名起很得贴切，朗朗上口。当初在起菜名时，有人建议取名“神仙鸡”“天下第一鸡”，这些名字很好听，也很大气，但老百姓听了会认为你在吹牛，同行也不会认可，你“神”在哪里呢？谁给你封的“天下第一”？而且大家会用很高的标准来衡量你产品，因为你牛么。但以“糊涂鸡”为名，则是一种模糊数学的概念，用现在的话来说就是“低调”，市民听了有新鲜感、亲切感。虽说人生不能糊里糊涂，但谁能说一辈子大事小事都没有糊涂过呢？这样，在潜意识里，“糊涂鸡”这个名称就产生了亲和力。加上店门口香气扑鼻而来，购买欲望油然而生。

再次是广告效果出奇，说明书写得好。在准备生产销售“糊涂鸡”之前，我考虑到企业不可能整天到报上登广告，就想在食品塑料袋上印广告。我找到常州光明塑料厂办公室金主任，要求印 500 只有广告的塑料袋。金主任说，他们承接的业务都是几万只以上的量。我怕增加企业负担，不敢一次印那么多。金主任见我为难，便说，我送 500 只无字的塑料袋给你，你把广告内容写成说明书，印在色粉纸上，客人来买“糊涂鸡”时每人发一张，不就解决问题？我听后心花怒放，照此办理，效果出奇。

“糊涂鸡”激活一个产业链

常州原来饮食行业的饭店都是由国营公司计划供货，如食品公司、水产公司、蔬菜公司等等。

当时，常州食品公司有一个万福桥宰杀场，专门负责宰杀鸡鸭鹅家禽供给各个饭店，一天大概杀几十只鸡。因为饭店生意不好，宰杀场面临倒闭。“糊涂鸡”兴起后，每天要200只以上，一下子救活了宰杀场。每天凌晨3点工人上班宰杀，7点钟前送到桃李春菜馆。后来，常州又出现“百草鸡”“口福鸡”“五香鸡”等，这家宰杀场的光鸡业务应接不暇，有位蒋姓的经理干脆回家自己开了个宰杀场，几十年来一直为三鲜供应鸡源。

“桃李春”是为常州厨师培训中心教学服务的，培训中心某主任的父亲有位老友，“文革”时下放到农村，回城后无工作、无劳保，家中还有一位多病的老伴。改革开放后，他就跑些小生意，走街串巷贩卖塑料袋，他见到“糊涂鸡”热销需要大量塑料袋，就找到某主任，从此塑料袋就由他供应，一做就是十几年。

20世纪80年代末，饭店员工月工资100元左右，饭店生意兴隆的每月还能拿到几十元奖金。“桃李春”属于培训单位，奖金一直不高，遇到业绩滑坡，工资能否全额发放也成问题。自“糊涂鸡”销售后，营业额大幅上升——光“糊涂鸡”一项的月营业额超过10万元，员工的加班费、奖金水涨船高，技术骨干能拿到500元左右的奖金，员工个个喜笑颜开。

“糊涂鸡”大放异彩之后，兴隆园菜馆在左贵民经理的带领下，借鉴了“糊涂鸡”的做法，创制了“神仙鸭”。数月以后，企业也渡过了经营难关。

“糊涂鸡”得罪了一批人

自“糊涂鸡”第一天上市供应以来，“桃李春”门口从早到晚人山人海，购买“糊涂鸡”的顾客自觉排队，队伍从店门口向南延伸至“瑞和泰”副食品商店门口，再折回形成S形，队伍长达150米。

那个年代，办个什么事，常常要“开后门”，大家也见怪不怪。因为怕排长队，“桃李春”员工的亲戚朋友都来找人“开后门”买“糊涂鸡”。

“糊涂鸡”要一锅一锅烧，每锅只能烧25只，每锅相隔时间约20分钟，排队轮到的客人有时一买就是数十只，所以排队时间相当长，起码3小时。

如果要“开后门”供应，排队的顾客是绝对不会答应的，而且你买了“糊涂鸡”也无法走出“桃李春”大门，因为顾客自动成立了“监督小组”，在大门口负责监督和维护秩序。哪天卖“糊涂鸡”的时间提前结束，还有“监督小组”的顾客到厨房来查看，看看到底还有没有私藏“糊涂鸡”。“监督小组”由排在队伍后面的顾客轮流组成。

鉴于这种情况，我在店里宣布了纪律：对内，员工一律不准“开后门”；对外，顾客排队每人限购2只。

规矩定下后不久，发生了一件不愉快的事。

有一天，区商业局某局长找我商量说：“商业局的工作人员都想尝尝‘糊涂鸡’，今天我私人出钱买30只，让大家每人

宋 · 李迪《鸡雏待饲图》

一只，你总不能让我不上班也来排队吧？”我说：“你不排队，手拿 30 只‘糊涂鸡’是走不出桃李春大门的。”怎么办？后来我想到，厨房间有一个后门通往尚书东弄，此门已用铁板封闭多年，只有把此门临时打才能走出“桃李春”。某局长同意这个方案，但到拿塑料袋装“糊涂鸡”时，发现有一只特别小，某局长说：“能否换一只？”我本来就反感领导来“开后门”，坏了规矩。一听这话，气不打一处来，当着众厨师和商业局工作人员的面说：“不行，嫌小不要？就买 29 只，要 30 只？就是这一只！给你开后门已是天大的面子了。”

1990 年春节前夕，大雪纷飞，买“糊涂鸡”的队伍在风雪中漫游。那天，我亲自在店堂为顾客称售“糊涂鸡”，一批又一批顾客从我手上买到热气腾腾的“糊涂鸡”，看到他们受冻的脸露出笑容时，我有莫大成就感。突然，在我面前出现一个熟悉的小孩面孔，啊！是我的 10 岁外甥！我问：“你怎要买‘糊涂鸡’？”他说：“是外婆要买的。”这时我才想起：我已经多次拒绝母亲“开后门”买“糊涂鸡”的要求了。我问外甥：“你排了多长时间？”他说：“已近 3 小时了。”

看到外甥的脸被冻得发红，流着鼻涕，我热泪夺眶而出。

还有一次，区商业局工会主席家里来亲戚，想要吃“糊涂鸡”，工会主席下午 3 点就到桃李春菜馆来，在培训中心办公室等了半天才买到一只“糊涂鸡”。

当时为了维护企业信誉和消费者的权利，我每天要拒绝许多亲戚朋友的要求，硬生生地“得罪”了父母官、“得罪”了亲戚朋友、“得罪”了年迈的母亲、让亲外甥受冻受罪。但我没有得罪真正的衣食父母——顾客。

“糊涂鸡”帮助我感悟人生

“糊涂鸡”经营的成功，使桃李春菜馆在经营上走出了困境，企业与员工都得到了实惠，同时也产生了新的人事矛盾，年轻气盛的我离开了桃李春菜馆。

我离开“桃李春”后，个体餐饮户蜂拥而至南大街，在“桃李春”旁边开了三家专营鸡的卤菜店，有“口福鸡”“神仙鸡”“百草鸡”，不到一年“桃李春”就败下阵来，被迫关门，饭店改成招商商铺。

1993年我担任三鲜馄饨店经理后，立刻恢复了“糊涂鸡”的供应，同时增加了新的产品——“唐老鸭”。我又在常州广播电视报上做了广告，广告词是：“糊涂鸡”涛声依旧，“唐老鸭”掌声响起来。当时社会上正流行唱卡拉OK，“这一张旧船票，能否登上你的客船……”

“糊涂鸡”在三鲜馄饨店恢复供应后，每天销量不减当年，“唐老鸭”销量也是异军突起，“三鲜”门口一到营业高峰时间，顾客就排队成龙，过年过节更是人山人海，店里的员工全部出动来帮助销售“糊涂鸡”与“唐老鸭”。

这两道名菜的推出，正好跟“左手一只鸡，右手一只鸭”的歌词完美结合起来。1998年“糊涂鸡”“唐老鸭”参加常州市第二届美食节评选活动，双双被评为“常州名菜”。

2015年12月18日，三鲜美食城九洲店隆重开业，为了感恩广大市民对百年老店的关心与支持，搞了特价供应“糊涂鸡”“唐老鸭”优惠活动，结果人如潮水，里三层外三层，重现当年“桃李春”购买“糊涂鸡”排队的景象，队伍呈S形。我们不得不规定：每位顾客只能购买一只鸡、一只鸭，就是这样每天要卖掉5000只鸡鸭。厨师们烧了三天，人都要累趴了。

“糊涂鸡”自问世至今已整整30年，所形成的生产链销量已近一亿只。为什么“糊涂鸡”能独领风骚，经久不衰？

“糊涂鸡”制作设计集天下鸡鸭名菜长处于一身，讲究香料香味的配伍，互不压味，调和互补；烹调制作工艺一丝不苟，宁可繁琐不走捷径。“炮制虽繁必不敢省人工，品味虽贵必不敢减物力”；使用调料从不偷工减料，“修合无人见，存心有天知”“欲知我味，观料便知”。

“糊涂鸡”历经30年不失其味，质量第一；“糊涂鸡”伴随我艰难创业30年，曲折成长；“糊涂鸡”帮助我人生感悟30年，守住底线。

“难得糊涂”是郑板桥的名言。他之所以这样兴叹，自有其苦衷。他是个极为清醒的人，唯其清醒，正派，刚直不阿，而对现实无能为力时，才会有“难得糊涂”的感叹。他始终坚守为官之道与做人的底线。苏东坡诗云：“人皆养子望聪明，我被聪明误一生。”所以，聪明人难做。

“难得糊涂”还有更深一层的含义，那就是“大事不糊涂，小事不计较”。虽说这句话人人知道，但真正体会其中的奥义

宋·王凝《子母鸡图》

并“知行合一”并不容易。“大事不糊涂”，是指在大是大非面前坚守底线。当代著名书画家、鉴定家、学者徐建融先生曾经把做人的底线归纳为“党纪国法、公序良俗、生活常识”，非常精辟。做生意也有很多底线，比如诚信、品质。企业在发展的过程中，波澜起伏是常有的事。但不论在什么背景下，都要把顾客当成自己的衣食父母，得罪顾客就是砸自己的饭碗。而尊重顾客，其实也是为自己赢得尊严。在这些大是大非上，我从来不糊涂。大事不糊涂，才会有大格局，才不会被眼前的小利所诱惑。但对于个人的得失，有时就要看得淡一些。“千里传书只为墙，让他三尺又何妨？万里长城今犹在，不见当年秦始皇。”小事不计较，才会有大气度。小事上懂得退让的人，往往有大智慧。

糊涂也好聪明也罢，因时因事因地而宜。做人、做菜、做生意当然要“认真”，大是大非、底线节操一定要“坚守”，其余，则不妨难得“糊涂”一番。

放低自己，有时会看得更加清楚。

漫话“天目湖砂锅鱼头”

2018 年 7 月起，“食美常州”的宣传报道，相继出现在常州各大媒体，除了报纸、电视、广播等传统媒体，各种新媒体也一起上阵，图文并茂，色味俱全。作为对创建“旅游明星城市”的呼应，各辖区名菜名点的评选也你争我赶，如火如荼。常州各路的“吃货”们惊呼：原来我们大常州遍地美食，幸福指数这么高，真是身在福中不知福哦！

时代越进步，社会越宽容。对于仿佛“从天而降”的遍地美食，从业内到业外，从官方到民间，大家各抒己见，褒奖不一，品头论足的有之，欢欣鼓舞的有之，大放厥词的也有之……一时间，“你方唱罢我登场”，非常热闹。

在“食美常州”评选中，排在第一位的是“天目湖砂锅鱼头”，这是专家评委和大众舆论一致首肯的一道名菜，“金鸡奖”“百花奖”双料得主。这既要归功于天目湖宾馆几十年矢志不渝的坚守和创新，更要感谢这个好时代，让这道源自民间的美味，“上得了厅堂，下得了厨房”——非但走上国宴，更扎根民间遍地开花。

一

“砂锅鱼头”各大菜系均有著录，特别是江浙一带有“青鱼尾巴鲢鱼头”之说，就是指鲢鱼头部的肉比其他鱼鲜美。鲢鱼（又称鳙鱼），可分白鲢与灰鲢。溧阳沙河盛产灰鲢，民间很早就有烹制“砂锅鱼头”的传统。

《唐诗三百首》中的《游子吟》语言浅直，感人至深，是唐诗中的名篇。诗云：慈母手中线，游子身上衣。临行密密缝，意恐迟迟归。谁言寸草心，报得三春晖。这首诗创作于溧阳，作者是唐代诗人孟郊，与贾岛并称“郊寒岛瘦”。“文起八代之衰”的韩愈非常欣赏孟郊，写了不少诗称颂赞叹。

孟郊祖籍河南洛阳，生于浙江德清。他从小不羁，年轻的时候，时而隐居，时而四处游历。后来在母亲的敦促下才去应试，不料老天不开眼，一试再试皆名落孙山，直到46岁第三次科考才中进士。又过四年，到50岁那年，才得到平生第一个官职——溧阳县尉。

孟郊是孝子，有了微薄的俸禄，他立即把母亲接来溧阳奉养。早春三月，莺飞草长，等候在溧阳河边的孟郊，远望着小舟上母亲苍老的身影越来越近时，不禁泪流满面，脱口吟出了这首名动千古的《游子吟》。

孟郊虽然有了官职，但毕竟是个微官，没有大吃大喝的本钱。

晚上家人团聚，孟郊恭恭敬敬地请母亲上座，自己亲自下厨，端出了热气腾腾的“砂锅鱼头”，这是溧阳当时寻常百姓家最好的美食。因家人众多，孟郊在炖鱼头汤时，特地将鱼尾巴也放入砂锅内，寓意“母子相会”。肥而不腻、鲜而不腥的鱼汤寄托了游子对慈母的感恩和对妻儿的眷恋。浓浓的砂锅鱼头汤，正是孟郊的“寸草心”。在游子的眼里，为儿再孝，也永远报答不了母亲的生养鞠育之恩。诗言志，“砂锅鱼头”承载了苦吟诗人的“玻璃心”：敏感而脆弱，透明而清亮。

孟郊的传说，可谓感人至深。宋代陆子遹的故事，则是古代老百姓对父母官的认同和期许。

宋代诗人陆游生有七子：子虡、子龙、子修、子坦、子约、子布、子遹。陆游第七子陆子遹于嘉定十一年（1218）任溧阳知县。据《溧阳县志》载：子遹任知溧阳，“时县凋敝，下车求治，锄暴恤良，威惠兼济”。继而又“革差役和买之弊，除淫祠巫觋之妖，兴起学校士风之变。至于官署学舍、邮传桥梁之属，罔不以次完缮”。政声颇佳，《县志》评为李衡（隆兴年间县令）以后“循良之最”。三年后子遹序满升迁，百姓攀辕挽留。离城那一日，家家炖制“砂锅鱼头”汤，都想请陆大人喝上一口自家的鱼汤。黎民百姓对好官清官的一片深情，让陆子遹感慨万千：为官一方，怎能不夙兴夜寐，克勤克俭，殚精竭虑，鞠躬尽瘁！

二

传承了千年的“砂锅鱼头”，在改革开放的春天里，重新发扬光大，并大放光彩。这其中，不得不提到一个人——朱顺才。

朱顺才20世纪80年代是沙河水库招待所的厨师。同样是厨师，但朱顺才有一双慧眼。他发现，天目湖的水和天目湖的鱼头与众不同——山清水秀的天目湖，不仅周围山体绿色植被过滤了湖水，而且湖底为沙质而非淤泥，独特的自然环境，让天目湖水清澈甘甜，纤尘不染，生长其中的鱼类绝没有土腥味，跟其他内河里的鲢鱼完全不同。今天，天目湖砂锅鱼头"鲜而不腥，肥而不腻"的优良品质，就是从此而来。

朱顺才深知，在民间流传了上千年的砂锅鱼头汤，一定要与时俱进才会有新的生命力。为此，他创制了天目湖鱼头新的烹饪方法，且30多年来一直专注于此。所以，尽管他不是第一个烧鱼头汤的人，但现代"天目湖砂锅鱼头"创始人非朱顺才莫属：烹制天目湖砂锅鱼头，选用天目湖水体中天然生养的大花鲢胖头鱼，去鳞去鳃，除去内脏，在头后2～3寸处将头剁下，煎黄后捞出放入砂锅之中，放进甘甜清冽的天目湖水，撇除浮油，辅以八种佐料，用文火煨数小时。上桌时，汤色如乳，鱼肉白里透红，细嫩似豆花。1982年，75国驻华使节偕夫人来到天目湖，品尝过砂锅鱼头后，交口称赞。

也是机缘巧合。1985年初的一个日子，朱顺才被一辆军用吉普车悄悄接走，随车带有沙河水库的灰鲢数条，一个装满沙河水库水的茶桶，目的地是南京省会招待所——朱顺才亲手为改革开放总设计师邓小平烹制"砂锅鱼头"。小平同志与夫人卓琳品尝后非常满意，卓琳专门到厨房向朱顺才致谢，并合影留念。

新石器时代《鹳鱼石斧纹彩陶缸》

这场特殊经历让朱顺才和天目湖鱼头声名远扬，天目湖鱼头从此登上大雅之堂，成了天目湖的招牌。

一种普通的烹饪原料烹制出人间美味，一定是人间真情与智慧的结晶。要做好砂锅鱼头，必须要掌握以下几点：一是严格选料，选用沙河灰鲢鱼头约3斤；二是加工精细，刮鳞、去鳃、下刀要一丝不苟，不能将“胡桃肉”弄碎，下刀鱼头要带有2—3寸鱼肉，剞上花刀；三是烹调要得法，煎、炖都要讲究火候，油煎恰到好处两面呈黄，大火烧开，小火慢炖；四是调料简单适当，配以香菜更佳。

天目湖砂锅鱼头之所以有口皆碑，还有一个不为人知的小秘密，这就是煮鱼头的砂锅。砂锅，是我国烹调技术中的一种烹制、盛装、食用三者结合的特殊器具。砂锅菜是中国烹饪多姿多彩菜肴中的一朵奇葩。用砂锅烹制的菜肴，汤鲜菜嫩，醇香扑鼻，保温耐久，风味特别。天目湖宾馆的掌门人史国胜深谙砂锅的妙处，特别开发设计了天目湖鱼头专门砂锅，并且获得了专利。这在中国烹饪界恐怕是绝无仅有的，由此也更见匠心所在。用专利砂锅烹制的天目湖砂锅鱼头，头壳完整，里嫩外酥，动箸滑开，脑肉鲜肥，汤浓如乳，风味别具。

三

说完鱼头，再说一个关于天目湖的题外话。

上了年纪的常州人都知道，天目湖的前身是沙河水库。1957年，江苏省水利专家在溧阳考察，发现一马平川的沙河两边是延绵不断的碧绿大山，如在沙河的下游，能拦住这些水，用水发电，灌溉田地，应是一件功在当代利在千秋的大好事，“沙河水库”应运而生。

20世纪90年代初期，溧阳旅游事业蒸蒸日上，有关部门将溧阳沙河水库更名为“天目湖”。一开始大家不习惯，不理解，现在回头看看，改得真好，改得有道理。这一改，改出了一片新天地，更加彰显了江南水乡的特色。“水天一色，风月无边”，这是湖南岳阳楼上的名联，描写的是洞庭湖的风光。天目湖又何尝不是如此？事实也证明，“沙河水库”已经完成使命成为历史，“天目湖”则成为家喻户晓的江南明珠，绿色仙境，当地的经济发展更是今非昔比。“绿水青山就是金山银山”，信乎！

其实，古往今来，改地名的佳话数不胜数。1196年，朱熹应吴伦、吴常兄弟之邀，来到江西南城县上塘蛤蟆窝村讲学。朱老夫子不但为吴氏兄弟创办的社仓撰写了《社仓记》，还写下了著名的“半亩方塘一鉴开，天光云影共徘徊。问渠哪得清如许，为有源头活水来”（《观书有感二首》之一）。朱熹离开后，脑洞大开的村民们将原来的蛤蟆窝村改为“源头村”，以纪念朱熹的开示和训导。民国时，西风东渐，当地的又设置了“活水乡”，合称“活水乡源头村”。朱熹的文化品牌和时代的风尚，就这样天衣无缝地确定了下来。

天目湖位于常州溧阳市南8公里处，属天目山余脉。天目山，在浙江临安县北，古称浮玉山。元代大画家钱选曾经绘有《浮玉山居图》，今藏上海博物馆。天目山分东西两支，双峰雄峙，并多为怪石密林。相传峰巅各有一池，左右相望，故称“天目”。可见，这“天目”之名大有讲究。日本人至今称中国宋代的建盏为“天目盏”，既形象，又生动。相比于传说中的“天目”，今日溧阳天目湖，更是名副其实的“天目”。风和日丽之时，恰如朱老夫子形容的那样，“天光云影共徘徊”。

湖光山色中，必有胜迹。天目湖的周围，有以伍子胥名命名的伍员山，有东汉大文学家蔡邕的读书台，还有太白楼、报恩禅寺以及唐代名刹龙兴寺旧址等，历史文化一脉相承，底蕴不可谓不深厚。而今天的天目湖和天目湖砂锅鱼头，也正是对几千年来历史文化的接续和延展。改革开放的四十年里，这里的山山水水和美味佳肴已经创造和正在创造着历史，生活在这片土地上的人们，是真正的英雄。

百年名点“三鲜馄饨”

鲁迅说，民族的，才是世界的。也因此，地方特色越鲜明，生命力也越强大。而最能体现一个地方餐饮文化特色的，非小吃莫属。“三鲜馄饨”适逢其时，赶上了一个好的时代，并且，成为常州地方小吃中的名角。

——1985年，“三鲜馄饨”被商业部选编入《中国小吃谱》；

——1989年，“三鲜馄饨”被常州市人民政府命名为“常州十大名点”；

——1990年，“三鲜馄饨”被江苏省商业厅评为“江苏名小吃”；

……

如果说，1985年、1989年、1990年有点遥远的话，那么，今天你只要在搜索引擎上输入“常州十大名小吃”，立即就可以找到“三鲜馄饨”。可以毫不夸张地说，“三鲜馄饨”是常州人用口碑托起的一道风景。

半个世纪的三鲜情缘

1993 年 7 月，我开始担任三鲜美食城经理。那个年代，改革开放已经让一部分中国人先富了起来，老百姓在解决温饱问题后，开始追求生活的品质。过年是个很正儿八经的大事，家家户户都要张罗年货。每年的小年夜、大年夜，三鲜的门口总要排起长长的队伍，卤菜供不应求。为了让顾客得到满意服务，过年前那几天，我都会在一楼餐厅调度、帮忙。在跟顾客的零距离接触中，我常常听到、亲眼看到他们对百年老店的期许，很多热心的顾客，还诚恳地给了我们许多很好的建议，三鲜也因此慢慢成为老百姓心中的金字招牌。

记得 2017 年小年夜那天，下午 2 点多，三鲜美食城县直街店走进一位和颜悦色的老者，点了一份“三鲜馄饨”。当时一楼店堂正在供应卤菜，没有座位，一般顾客都安排到二楼就餐。考虑到这位老人年纪大了，上下楼梯不方便，我就在一楼临时腾出一张桌子，让他用餐。老人对这样的“特殊待遇”非常满意，边吃边跟我聊了起来。得知我是店里的负责人，他微笑着说:“我第一次吃‘三鲜馄饨’，是 50 年前的事。”

“您今年高寿？”我非常恭敬地问道。

“80 岁。”老人说。

“看不出啊。您身体好，像 70 岁。”

“哈哈！”老人笑了起来。我继续问道：

“您 50 年前吃‘三鲜馄饨’，为什么到今天还记得那么清楚？”

宋 · 李嵩《月夜看潮图》

“说来话长。”老人呷了一口汤，略做停顿。“我老家在湖塘，年轻时在城里做瓦工。有一次为赶一个活，下班晚了，没公交车可乘，只能步行回湖塘桥。当时正是寒冬腊月，干了一天活，肚子里咕噜咕噜直叫，都快要走不动路了。听工友说，附近的‘三鲜馄饨’味道很‘赞刚’，于是就来到弋桥旁边的三鲜馄饨店。又冷又饿的时候，那碗热气腾腾、又香又鲜的‘三鲜馄饨’，很快让我浑身充满活力，也让我终生难忘。”“从那时起，我每次进城，都要吃一碗‘三鲜馄饨’的。一是想吃，二是好吃。一路吃过来，不知不觉已经五十年了。”

老人的话，让我非常感动：“今天这碗馄饨，应该我来请客。”

老人婉言谢过，说：“‘三鲜馄饨’我已经吃了五十年，今后还要再吃几十年。”

老人如此恳切，我竟一时想不到更好的话来感谢。

“那么，请允许我给你拍一张品尝‘三鲜馄饨’的照片吧。”

老人欣然答应。

作为“三鲜”的掌门人，我始终认为，三鲜美食城的今天，是无数的普通市民“捧”起来的。无论是像老者这样的寻常百姓，还是如刘海粟、谢稚柳、吴祖光那样的名流贤达，都对“三鲜馄饨”情有独钟。这样的一份信任，唯有以虔诚的工匠之心，如履薄冰，精益求精才能报答。

海上大厨的三鲜传奇

常州古称延陵。齐梁故里的人文渊源、富庶丰饶的鱼米之乡，孕育了常州多姿多彩的饮食文化。传统常州小吃是典型的江浙风味，用料范围广泛，馅心有咸有甜，有荤有素，制作精细，享有盛名。

——加蟹小笼包。蟹油金黄闪亮，肥而不腻，蟹香扑鼻，汁水鲜美，皮薄有劲，馅心嫩滑爽口。

——常州大麻糕。香味浓郁扑鼻，色泽黄润而不焦，咸甜适度而不腻，香酥可口而不脆。

——蟹壳黄。形似蟹壳，色呈金黄，油多不腻，香脆酥松，糖馅甜醇，咸馅味鲜。

——酒酿元宵。团如玉粒，酒香四溢，风味独特，清甜爽口。

——豆斋饼。用白雀豇豆制作的一种食品，为常州地区独有。相传乾隆下江南，曾在状元钱维城家品尝过豆斋饼。

……

“三鲜馄饨”诞生于民国初年，创始人是王绍兴师傅。王绍兴是常州人，早年在上海一家大饭店当厨师。上海是个南北交通的大码头，各路高手、各地菜肴荟萃交融，各显神通。王绍兴耳濡目染，积累了丰富的烹调经验，也是当时的名厨之一。在大饭店当厨师之余，王绍兴小试牛刀，在上海开一爿馄饨小吃店，居然红红火火，日日人满。

抗战期间，上海滩成为孤岛，日本人和汉奸欺行霸市，馄饨店生意越来越难做。看看难以立足，王师傅便回老家常州，挑一副馄饨担在公园门口设摊营业。一开始，人们并不知道这挑馄饨担的王师傅是什么来头，时间一长，馄饨担的生意越来越好，以至不得不请人来帮忙。

当时民间包的馄饨馅心都比较简单，但王师傅却别出心裁，在馄饨肉馅中加进草鱼肉、虾仁、鸡蛋等原料。入口鲜嫩，回味无穷，生意因此日见兴隆。

旧时，不论是开一爿小吃店，还是挑担设摊经营，都仅能解决基本的温饱问题。加上大小官员、地痞流氓或暗或明的敲诈勒索，小业主常常行走在破产的边缘。

常州孙府弄口6号原来有一家“宽记”熟面店，店主是刘宽成。天灾人祸，面店开了两年就面临倒闭。危难之际，王绍兴伸出援助之手，收购了“宽记”熟面店，帮助偿还了债务，并在原址开设了“三鲜馄饨面店”。

让大家没有想到的是，王绍兴不仅在招牌上保留一个“面”字，还把刘宽成留在店里做师傅。虽然在身份上从老板变成了伙计，但对王绍兴的古道热肠，刘宽成终身感激。

长期跟社会底层打交道，王绍兴深知民间疾苦。抗战时期，到处是面有菜色的难民、嗷嗷待哺的婴儿。王绍兴每天营业结束时，总是将下馄饨的汤水，加一点米粉一搅，做成一锅米糊汤分给难民，聊解饥寒之苦。三年自然灾害期间，更是常将自己饭菜的份额，让给素不相识的饥民。即使如此，他还常常慨叹自己势单力薄。

……

“沉舟侧畔千帆过，病树前头万木春。”在一百多年的风风雨雨中，一批又一批的同行因为种种原因关张歇业。但“三

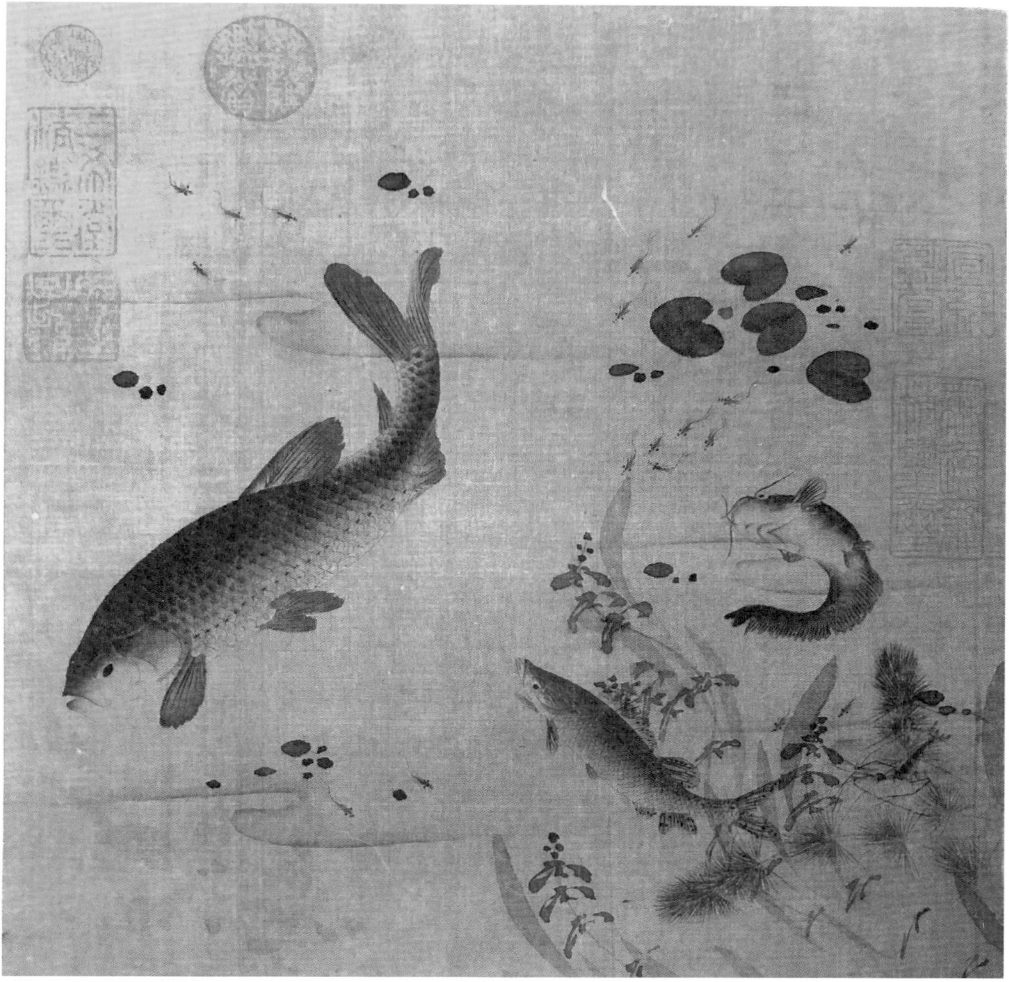

宋·佚名《春溪水族图》

鲜馄饨”始终立于不败。业内人士评价说，三鲜之所以能传承一百年，与王绍兴的人品与技艺是分不开的。王绍兴虽然读书不多，但经常对大家说的一句话是：先做人，再做事。

百余年来，不仅王绍兴的绝技传下来了，他乐善好施、广种福田的品格也让后人继承并发扬光大。现在，三鲜美食城每年都要向特定人群发放助学、助老基金。这是企业的社会责任，也是王阳明所说的“良知”——良知人人具有，个个自足。只有知行合一，才能无往而不胜。

百年老店的三鲜品牌

王绍兴师傅对“三鲜馄饨”有创始之功。可惜的是，王师傅生不逢时，兵荒马乱的年代，能够“苟全性命于乱世”，已经不错，更谈不上做大事业。真正把“三鲜馄饨”做成品牌并成为地方特色名小吃，是在改革开放之后。经过三鲜美食城几代名师的精心研制，逐步形成如今“皮薄馅嫩，汤清味美，色彩悦目，营养丰富”的特色。这种独特的风味，依托于多年积累的一系列特有的操作程序，是传统美食烹饪艺术与现代企业管理的完美结合。

说“三鲜馄饨”，首先要说皮、馅、汤。

“三鲜馄饨”的皮子，都是店里自己秘法精制。皮子要选用优质满天星面粉，按比例加清水、碱水和适量的鲜鸡蛋清拌和。水温特别有讲究，春秋两季用常温水，夏季用冰冷水，冬季用20～25度的温水调和面粉。调和好的面粉先用面机三次粗轧成坯，然后三次宽轧成条，再三次细轧制成形，最后改刀成皮。三番五次地轧制，为的是让面团产生面筋链，加上蛋清的作用，一来增加了皮子的韧性和滑爽程序，二来下锅而不糊，薄而不破，使皮子具有“薄、韧、白”之三大特点。

“三鲜馄饨”的馅心，选制之精细，拌制之独特，充分体现了名点的真正内涵。整个馅心的配制是猪肉类、水产类、蛋类的有机结合。馅心是以猪肉为主料，以鲜草鱼肉、河水虾仁、鸡蛋为辅料，再加姜葱汁、冰水和黄酒、盐等调料，通过拌和使其融合一体。馅心在制作过程中有三个关键：一是搅拌方向，向着顺时针一个方向搅拌，这样便于馅心上劲；二是加入的水一定要用冰水，便于保鲜，水量要适当，少了馅心老而不嫩，多了馅心熟后不成形；三是一定要使用葱姜制成的汁，馅心中千万不能放入葱姜末，否则影响口感，并且容易变味。在成熟过程中，由于蛋白质的凝固作用，它不但保持了馅心鲜嫩，还保持了原汁原味，这就是“三鲜馄饨”鲜、嫩、香的主要特色。

有了优质的皮子与馅心，还要配以上好的高汤，高汤的制作十分复杂，讲究三要素。首先必须取肥猪圆筒骨、隔年母鸡或鸡骨架等原料。其次洗净放入大锅内，必须加冷水，然后用旺火烧开，撇去浮沫杂质，加葱姜和黄酒。再次必须用文火慢慢长时间熬制，使其汤面冒“菊花泡”沸而不腾，不能盖锅盖。这样制作出来的高汤，汤质呈绿豆色，清澈见底，鲜味醇厚。完全达到高汤的“清、透、醇”。

准备好了皮、馅、汤，似乎万事俱备。其实不然，要做出美味可口的“三鲜馄饨”，还要走好最后的“三步”棋。

第一步，包制馄饨，包馄饨既要大小一致，又要每只馄饨形似元宝。每只馄饨搭头接触面要小而少，避免下锅煮时难以成熟，收口要紧密，下锅不易灌水，保持馅心的鲜味。

第二步，馄饨下锅，要注意火候，用旺火煮沸，及时点加冷水，沸中带焐，确保馄饨皮熟馅熟，熟而不糊，柔软适中。

最后，馄饨成品放入碗中，只只饱满，加入高汤，色呈牙白，悬于清汤，汤与馄饨一清二白，相映衬托。缀以青蒜、蛋皮丝，其白、绿、黄三色交相辉映，淋滴猪油，让人赏心悦目，食欲顿开。

挑逗味蕾的三鲜秘笈

很多市民好奇，“三鲜馄饨”为什么选择猪、鱼、虾作为“三大原料”而不是其他？这里面，还真有些讲究。

常识告诉我们，一碗随随便便的馄饨，是不可能流传一百年的。今天看来，王师傅当年对“三大原料”选择是非常有眼光的——他从原料来源的广泛性入手，契合当时人味蕾的需要，暗合了今天营养学的原理。

——猪肉含有丰富的蛋白质及脂肪、碳水化合物、钙、铁、磷等营养成分。作为餐桌上重要的动物性食品之一，猪肉因为纤维较为细软，结缔组织较少，肌肉组织中含有较多的肌间脂肪，因此，经过烹调加工后肉味特别鲜美。同等重量下，猪肉的维生素 B1 含量是牛肉的 4 倍多，是羊肉和鸡肉的 5 倍多。维生素 B1 与神经系统的功能关系密切。

——鱼肉不论是食肉还是作汤，都清鲜可口，是人们日常饮食中非常喜爱的食物。鱼肉含有叶酸、维生素B2、维生素B12等维生素，有滋补健胃、利水消肿、通乳、清热解毒、止嗽下气的功效，常吃鱼还有养肝补血。另外，鱼肉的肌纤维比较短，蛋白质组织结构松散，水分含量比较多，肉质比较鲜嫩。

——虾的营养价值更高，能增强人体的免疫力和抗早衰。虾中含有丰富的镁，镁对心脏活动具有重要的调节作用，能很好地保护心血管系统，它可减少血液中胆固醇含量，防止动脉硬化。不管何种虾，都含有丰富的蛋白质，其肉质和鱼一样松软，易消化，丰富的矿物质（如钙、磷、铁等）对人类的健康极有裨益。根据科学的分析，虾可食部分蛋白质占16%～20%左右。

当然，中国古人不懂这些道理，但吃起鱼肉虾来一点也不含糊。苏轼《赠上天竺辩才师》诗：“何必言《法华》，佯狂啖鱼肉。”有了鱼和肉，《法华经》都可以丢开不管。

不过，东坡吃到的鱼是鱼、肉是肉、虾是虾，“三大原料”并不简单等同于“三鲜”。

在民间，对于“三鲜”的理解，不同的季节有不同的内容。有：树“三鲜”，杨梅、枇杷、荔枝；岸“三鲜”，苋菜、蚕豆、莴苣等等。

在餐饮行业，传统上讲的“三鲜”是指烹饪原料在自然界成长时的三个不同区域，地上跑的猪、水中游的鱼、天上飞的鸡（鸡有翅膀），进行组合做成的菜点称谓“三鲜”，如常州名菜三鲜汤就是有肉圆、鱼圆、鸡块、肉皮等原料烹制而成的。

按照传统意义上的这些标准，用猪肉、鱼肉、虾仁做成的馅心，是不能称“三鲜”的。这就是王绍兴的高明之处——他没说馅心是“三鲜”，只说馅心由三种原料搭配组合，关键的“一鲜”，是那一锅用老母鸡等原料吊制成的高汤，一碗馄饨加了鸡汤才能称为“三鲜馄饨”。所以，以往有的客人买了生的三鲜馄饨回家自己下煮的，吃上口就感觉没有在店堂里的“鲜”，为什么？因为没有高汤，少了关键一鲜。

我们的祖先早就懂得美食之道，吃肉要吃当年猪，当年猪肉可烧可炖也可做各种馅心，口感肥嫩；喝汤要喝隔年母鸡炖的汤，隔年母鸡肉质较老不宜制馅，影响口感，但炖汤滋味鲜美，其他原料无法比及。

当然，除了营养学上的考虑，王绍兴师傅当初选用“三大原料”的组合，事实上包含了烹饪技术的继承和创新——如果仅用猪肉一种原料制馅包馄饨过于普通，成熟后馅心成形质地明显偏硬，加入草鱼肉后改善质地，提高嫩度，增加鲜味；如果光用鱼肉做馅心包馄饨，那馅心含水量大，包好的馄饨皮子容易破损，下锅成熟后馅心不易成形，质地似嫩豆腐，没有质感与口感，口味单薄，而且不肥；再如果全用虾仁做馅心包馄饨，颗粒状的虾比较硬，在包馄饨时会把皮子撑破，下锅成熟时虾仁涨出，皮子收缩，导致馄饨破碎灌水，不成形，馅心成本也高，并且口味口感都不如用三种原料按比例进行制作的馅心完美。

至于这三者之间的配比，那就更有讲究了。正如炸鸡腿家家会做，但肯德基的炸鸡腿就是跟别人家的不一样。

大师笔下的三鲜艺术

顺便说一下，“三大原料”猪、鱼、虾以及用来做高汤的鸡，都是画家笔下题材。

鱼入画的时间可能最早，1955年在陕西半坡出土的新石器时代彩陶盆上，就有人面鱼纹，距今1万多年。到了宋代，藻鱼图非常流行，至今还有作品流传。入民国，海上“三霞”之一吴青霞以鱼为师，得形入神，她首创用生宣画水墨鲤鱼，所画鲤鱼金光闪闪，栩栩如生；有“鲤鱼吴”之雅称。此外，虚谷、汪亚尘等人画鱼也各有特色。

跟鱼相比，六畜之首的猪可谓“不幸”，龚半千甚至说过，其他东西都可以入画，唯猪不能。其实，中外岩画中，多有狩猪的画面。为什么不入画，原因不详。清末，吴友如首开风气，发表十二生肖故事图，其中就有《海上牧豕》图，取材于西汉公孙弘的故事。再后来，画猪的人多起来了。称“张虎熊狮”的民国海派画家熊松泉有“三猪致富”图，让人隐约可见一个时代的缩影；此外，黄永玉、黄胄、徐悲鸿、齐白石等都有佳作。

说到画虾，不得不提齐白石笔下灵动而透明的水墨河虾。齐白石青年时开始画虾，40岁后临摹过徐渭、李复堂等名家画的虾；63岁时还专门养了几只长臂虾，置于画案，日日观察。所以，齐白石的虾，活泼、灵敏、机警，有生命力。“我自用我法”的齐白石，笔底有“金刚杵”，他举重若轻，举轻若重，水墨河虾或急或缓，时聚时散，疏密有致，浓淡相宜，将“太似，

宋 · 佚名《子母鸡图》

媚世；不似，欺世”的绘画理念演绎到了极致，有鬼斧神工之妙。

相比于“二师兄”，鸡则要幸运多了。在汉语中，“鸡”的发音与“吉”相近，公鸡的“公”与“功”、鸡冠的“冠”与“官”、鸡打鸣的“鸣”与“名”又恰是谐音，因此古人常以鸡的形象兆示吉，晋代留下了大量的鸡头壶，就是最好的证明。书画艺术作品中，人们常常以锦鸡喻君子五德，或以母子鸡寓意家庭和美等。到了民族救亡的年代，徐悲鸿又把“鸡”拟人化并融入了人文精神。他画的鸡，多昂首挺胸，造型极为写实，特别冠与爪之描写，笔法精密严谨。尾巴以浓墨大笔扫出，冠红如火，尾黑如漆。在粗与细、红与黑的强烈比照中，呈现出自强不息的民族精神，并跟他的骏马一起，成为中华民族不屈的象征。

“岁岁年年花相似，年年岁岁人不同。”时至今日，“三鲜馄饨”已经走过 100 多年。100 多年中，“三鲜馄饨”尽管也饱经沧桑，与世浮沉，但三鲜的品质一以贯之——在不变中求变，在变中保持不变。不变的是 100 年来专注做好一件事，变的是努力把一件事做得尽善尽美。老子说，治大国如烹小鲜，其实，民以食为天，烹小鲜也完全应该如治大国。

附记：《味缘》完稿之后，2019 年 11 月 20 日，江苏省烹饪协会组织专家学者来三鲜美食城考察。座谈会上，原无锡饮服公司经理、无锡城市学院教授都大明先生说：“1962 年，无锡饮服公司专门来常州三鲜馄饨店学习，并由百年老店‘王兴记’推出了无锡版三鲜馄饨。这在当时是件大事，无锡饮服的史料中有详细记载。后来江阴饮服公司又派人到‘王兴记’学习三鲜馄饨的制法，回江阴后创制了‘江鲜馄饨’。”

北大街上的网红“豆腐汤”

“豆腐汤”是常州地方名小吃，早餐搭配油条、麻糕食用，风味绝佳。在三鲜美食城，有一批铁杆粉丝，经常风雨无阻来吃“豆腐汤”。由于价廉物美，老少适宜，“豆腐汤”现在是每个风味小吃店的必备品种。去年评选常州十大美味，“豆腐汤”毫无悬念地上榜，的确是实至名归。

20 世纪 50 年代至改革开放初期，“豆腐汤”可不是每个餐饮店都能供应的。短缺经济时代，豆腐需要凭票供应，每个饭店、点心店每个月分配多少豆腐，由市商业局按店的等级配给。城市居民则每家每户到居委会领一次票卷（备用卷），到时临时通知用几号备用卷买肉、买带鱼、买香烟、买豆腐等。

那个年代的点心店，大体有两种类型。一是早点专做油条、麻糕，下午做麻团、油炸饺，没有座堂，只能外卖，一般要排队供应；另一类点心品种供应差不多，但店里有两三张或三四张方桌、长板凳，顾客可以坐下来吃早餐或点心，这样的点心店往往就有“豆腐汤”供应，主要设置在常州东南西北四城门，由市商业局“网点办”统筹安排。

在我的记忆中，市中心北大街南北端各有一家点心店，烧的“豆腐汤”特别好吃。用今天的话来说，它们都是“网红”。

北大街北端的一家叫星火点心店，两开间排门店面。什么叫“排门”？简单说就是一种可装可卸的铺门。《二十年目睹之怪现状》第三十六回：“我店里的排门，是天亮就开，卸下来倚在街上的。”郁达夫《出奔》：“豆腐店的老头，在排门小窗里看见了我，就马上叫我进去。”排门何时产生，不得而知。旧时的店面门上方，有条木槽，下面门槛也有一条槽，那门是一扇一扇的，高 2.5 米左右、宽 35 厘米左右、厚 5 厘米左右，早上开门营业就将排门一扇一扇卸下，放在店面旁边用绳扎紧，晚上打烊时，再按照编号一扇一扇装上去。早上排门卸去，整个店堂一览无余，做点心的操作面台、炸油条的油锅、烧“豆腐汤火”的炉子、餐桌，全部在顾客视线之内。

星火点心店门口放着两只大铁桶炉，一只炸油条，一只烧“豆腐汤”，烧“豆腐汤”用的是直径 88 厘米的翻边生铁锅。店里有 4 张方台，16 张长板凳。烧“豆腐汤”的师傅叫于连生，50 岁左右，后来做了门店经理。他负责烧“豆腐汤”并凭筹码给客人打“豆腐汤”，每锅“豆腐汤”大约能打 75 碗左右，一个早上通常烧两至三锅，天天门庭若市。

于师傅星期三休息，烧“豆腐汤”工作就交给一个小青年阿华。阿华小个子，很活络，住城南街，与我是邻居，他喜欢养鸽子，在常州有点名气。轮到他顶班烧“豆腐汤”那天，店里生意特别兴隆，来买“豆腐汤”的小年轻特别多。他烧满满一锅“豆腐汤”一般只能收到50根筹码，也就是说，只能卖到50碗。为什么？因为阿华为人厚道，喜交朋友，他顶班时各路朋友都来看他：有养鸽子“鸽友”、有浴室工作的“浴友”、有茶馆的“茶友”，人家买两碗“豆腐汤”，他会打给人家三碗或四碗。所以，他在常州南门一带很吃得开，走到那里都有人主动跟他打招呼：“阿华好！”“华师傅好！”有的还会敬上一支“飞马牌”香烟。阿华到浴室去洗澡，“浴友”早就给他安排好了位置、泡好茶。这种时候，是阿华最自我陶醉的时刻。

北大街南端大庙弄口的另一家“豆腐汤”店叫“新生点心店”，一开间门面，店堂很深。店门口是炸油条的炉子，店堂中间是4张八仙台与长板凳，里面放着专门烧“豆腐汤”的炉子。烧“豆腐汤”的师傅姓梁，做事很认真。为了烧好“豆腐汤”，梁师傅利用休息时间“偷偷地”到老牌“豆腐汤”店去排队“吃豆腐汤”，所以他烧出的“豆腐汤”在圈内很有名气，打“豆腐汤”技术更是胜人一筹。

新生点心店地处市中心繁华地段，四周商家林列，还有商业局、粮食局、劳动局、“上山下乡”办公室等，每天来“新生”吃早餐的顾客络绎不绝，久而久之都与梁师混熟了。跟阿华不同，梁师傅遇到熟人，总是先用调匙刮一点猪油放在碗内，然后再打“豆腐汤”。这样，每碗“豆腐汤”就被调匙多占了一点点空间，一碗不多、十碗聚多、一百碗就见多了。他的熟人朋友每天来吃“豆

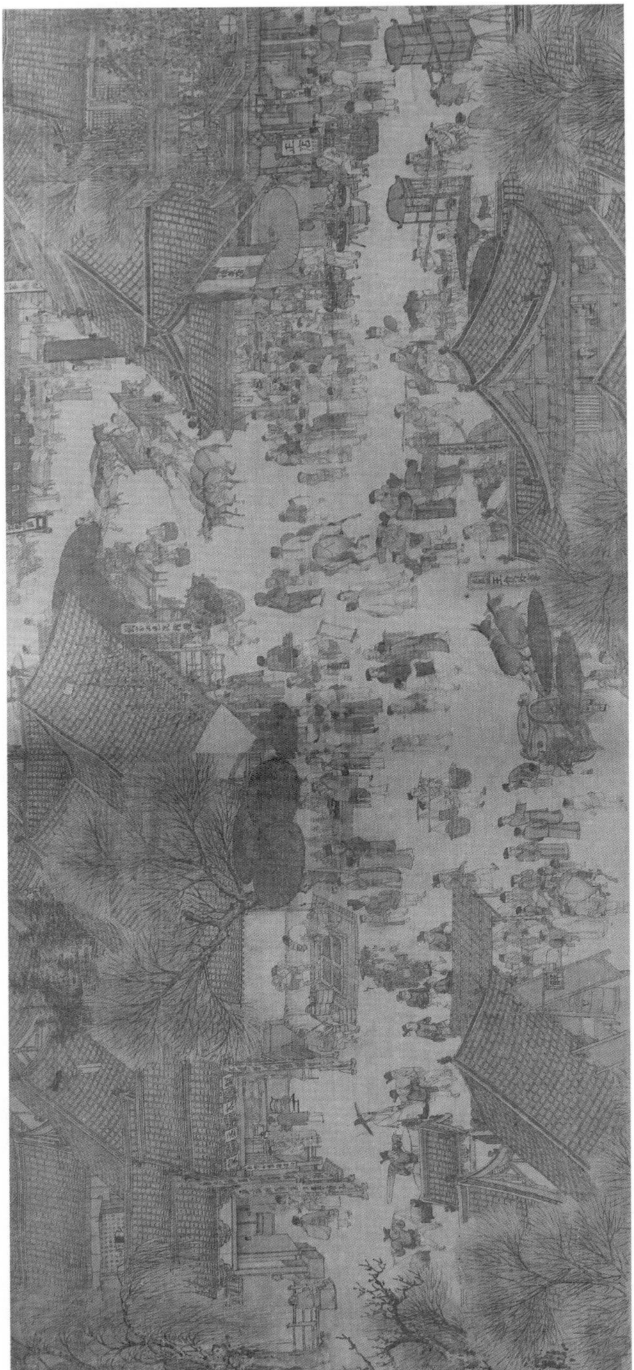

宋·张择端《清明上河图》（局部）

腐汤”的不断，但他每锅“豆腐汤”打出的75碗是大差不差的。对于朋友和熟人来说，也不吃亏，因为当时的猪油，还是比较金贵，放一点在豆腐汤里，味道是不一样的。

由于人缘好，梁师傅平时办点事，效率很高。他住的公房坏了要修理，房管所的瓦工马上就来；他妻子是下放知青，知青回城政策一下达，第一批就回城。店里的同事有些小困难，梁师傅也乐意帮忙，大家称梁师傅是“豆腐汤”外交官。

1993年，北大街南端建造新闻大厦，新生点心店被拆迁了，员工全部转入三鲜美食城，梁师傅的“豆腐汤”也从此走进了三鲜。前阶段在一楼餐厅，一位似曾相识的顾客跟我打招呼说，三鲜美食城的“豆腐汤”清爽，比其他地方的好吃。同时，他建议，豆斋饼一定要用现炸的，那样风味更佳。我一听，立即明白这是一位非常内行的吃客，也是“豆腐汤”的铁杆粉丝，便连连致谢，并要求厨房立即改进。

如今的三鲜，已是百年老店。梁师傅的“豆腐汤”被完整地传承下来，并成为三鲜的当家花旦。对于三鲜来说，百年老店不仅仅是一块牌子，更是一种情怀。这种情怀，第一位的是感恩——感恩时代，感恩顾客，感恩员工。没有好的时代，没有忠实的顾客，没有敬业的员工，也就没有百年老店。感恩之外，更有敬畏——敬畏传统，敬畏创新，敬畏顾客。没有传统，创新就是空中楼阁，一切的创新都要建立在传统的基石上；没有创新，传统就是明日黄花，所有的坚守都是为了更好地创新。而无论传统还是创新，顾客在三鲜最有发言权，顾客的满意是唯一的标准。

千年名菜“甫里鸭羹”

中国传统的读书人，除了“修、齐、治、平”之外，还常常有意无意地扮演着文化托命人的角色——从著书立说到衣食住行，从绝世高蹈到人间烟火。也因此，中国文化源远流长，绵绵不绝。体现在饮食文化上，历代文人雅士创造的故事和传奇指不胜屈。今天要说的是江苏传统名菜“甫里鸭羹”。此菜问世于唐朝，流传于苏州，且与陆氏家族有着不寻常的关系——它的创始人是唐代著名诗人陆龟蒙。

无意中回到了祖籍地

1998 年，我在湖塘镇夏雷村筑“味园”而居，同时建三鲜美食城配送中心。夏雷村是江南一带有名的自然村落，村里主要有两大姓氏，袁氏与陆氏。

2017 年 9 月的某一天，我跟夏雷村的袁书记和陆书记闲聊时说：历史上，武进出了很多文化名人，写北京“新华门”三个字的袁励準，就是武进人。袁记书听后说：“袁励準就是咱们夏雷村人呀！”我听了非常惊讶，还没有等我反应过来，陆书记又说：“我们夏雷村陆氏家族家谱已经修好了。你们那一支的陆氏修家谱没有？”我回答说：“正在筹备之中。”

小时候听父亲说，他出生于武进县龙游乡西荷花塘（现在的茶山乡丽华大陆家村）。奶奶健在的时候，父母经常带我回老家看望奶奶。奶奶告诉我，东、西两荷花塘的村民都姓陆，是一家人。很早的时候，有三个姓陆的兄弟，各自担了一副箩筐到这里安家落户，繁衍子孙……

从那时候起，我小小的心里就充满了好奇：想知道自己的祖宗从何而来？其间又发生了哪些故事？那些名垂青史的人物——从三国的陆机到晋代的陆探微、从唐代陆龟蒙到宋代陆游……跟今天的我有没有血缘的关系？

这些年，文化寻根开始盛行，各姓氏中的有心人，纷纷续修宗族家谱，海外的一些游子，也因此回来认祖归宗。我内心的愿望，也随之一天天地升腾。两年前，我委托住在西荷花塘的堂姐向村里的长辈咨询：是否愿意一起把家谱修起来？

很快，堂姐打来电话：“西荷花塘陆家村准备修家谱，村里人想找你商量经费问题。”我说：“经费没问题，大家愿意出多少就出多少，缺口由我负责。”几天后，负责修家谱的族人和我见了面。他告诉我，村里一位近 90 岁的长辈亲自出马，找到了我们陆氏的祖籍地，就在夏雷村。我说，怎么会有这么巧的事？

见我面有疑色，这位族人解释说：“这件事绝不是空穴来风。一来，这位长辈小时候到夏雷村的陆氏祠堂磕过头，吃过祠堂酒；二来，1936年修的《怀忠堂》晋陵陆氏家谱记得清清楚楚。”说完，他拿出带来的家谱复印件。旧家谱上，我爷爷、父亲、伯伯、堂兄的名字赫然在列。我大喜过望，原来，1998年构建“味园”和配送中心，无意中回到祖籍地啊。看来，这真是天意了。

陆氏家谱如期修编完成，族人邀请我在颁发家谱的仪式上讲讲陆氏祖宗的故事。或许是职业习惯使然，我想起了1984年5月在徐州鲁兴宾馆参加《中国菜谱》（江苏）暨《中国烹饪词典——地方风味菜点》编纂会议时，苏州商业技工学校张祖根校长讲述的一道历史名菜“甫里鸭羹”，这道菜与西荷花塘陆氏祖宗陆龟蒙有着密切的关系。

绝世才情陆龟蒙

相传，战国时期齐宣王少子田通受封于平原陆乡（今山东平原县境内），因以陆为姓。陆龟蒙为元侯第四十二世孙。据《武进雅浦陆氏家谱宗》记载：“……元候五十八世孙茂一，明洪武初由溧阳屋山陆笪分居晋陵，以新塘乡下浦里有湖山之胜，而茶岭浦溪为龟蒙故址，遂永居焉，是为下浦里陆氏始祖。”后来，元候六十六世孙启由下浦（雅浦）迁移至西荷花塘繁衍生息至今，到我这一代，已经是元候八十一世孙。

陆龟蒙，字鲁望，江苏吴县人，唐代著名诗人。曾任苏州、湖州刺史幕僚。居松江甫里，有田数百亩。经营茶园于顾渚山下，

唐代《五瓣葵口大内凹底秘色瓷碟》

岁取租茶，自为品第。因厌世嫉俗，隐居吴县角直，常携书籍、茶灶、笔床、钓具泛舟往来于太湖。自号江湖散人、甫里先生。

隐居后的陆龟蒙，创作了大量脍炙人口的诗文，如《田舍赋》《后赋》《登高文》等。1983年，上海辞书出版社出版的《唐诗鉴赏辞典》收录陆龟蒙五首诗。其中《别离》诗云："丈夫非无泪，不洒离别间。杖剑对尊酒，耻为游子颜。蝮蛇一螫手，壮士即解腕。所志在功名，离别何足叹！"后人形容这首诗有"直疑高山坠石，不知其来，令人惊绝"的气势。昆曲《林冲夜奔》中有这样一段台词："……丈夫有泪不轻弹，只是未到伤心时"，就是化用了陆龟蒙的诗意。

陆龟蒙有一首关于唐代秘色瓷的诗《秘色越器》，诗中这样形容秘色瓷："九州风露越窑开，夺得千峰翠色来。"时间过去了一千多年，越窑烧制的秘色瓷到底是什么颜色？究竟什么是"千峰翠色"？陆龟蒙给后人留下了一个千古之"谜"。这个"谜"，直到1987年法门寺地宫打开后，才真相大白。

法门寺地宫出土了一块碑，碑文详细记录了当年放进地宫的物品名称和数量。其中有"瓷秘色碗七口，内二口银棱，瓷秘色盘子叠子共六枚"的记载。这十三件器物，在碑文里被准确记录为"秘色瓷"，实物与名称对应，秘色瓷的谜团由此被解开。原来，这秘色瓷的颜色还真不好形容——说绿不绿，说黄不黄，说灰不灰，说蓝不蓝。再回过头来看陆龟蒙的诗，"夺得千峰翠色来"，真是韵味无穷，由此也可以一窥陆龟蒙的绝世才情。

随手点化，皆成锦绣

王羲之爱鹅，陆龟蒙爱鸭，空闲时养了一大群鸭，并常以鸭馔款待亲友，以为食中珍品。谁知诗人一往情深，朋友却早已乏味。陆龟蒙的好友皮日休建议，翻新花样，更改口味。陆龟蒙到底不同于凡夫俗子，随手点化，皆成锦绣。新推出的鸭羹，别有风味，让那班老饕们又惊又喜。杯盘狼藉之际，亲朋好友忍不住追问：此羹何名？何人烹制？陆龟蒙随口回答说：此羹乃出我手，故名之曰“甫里鸭羹”。

此菜流传有序，具体操作为：

（一）原料

光鸭一只（重约三斤左右）带皮生火腿四两、猪蹄筋十根、干贝五钱、河虾米五钱、鲜嫩笋五两、山药五两、水发冬菇（小面圆）十只，白鱼圆十只、野荠菜或芫荽（即香菜）五钱、葱结二个一两、姜片三块、绍酒一两、精盐一钱。

（二）制法

1. 取出鸭腹内脏肫肝，去鸭内筋及胆。剖去鸭尾的两颗豆状物洗净血污。

2. 干贝洗净，去其老肉，与河虾米一起装入盆内，加绍酒五钱，葱结一个，姜一片，放清水至淹没为要，上笼旺火蒸透。

3. 鲜嫩笋，山药刮皮，切成薄片，小冬菇剪去蒂洗净、野荠菜去根洗净切成末。

4. 将肫、肝连同带皮火腿、猪蹄筋一并入锅。用旺火烧沸，撇去浮沫捞出放入清水中洗净，锅里汤留用。

5. 取砂锅一只，鸭背朝上，将鸭、肫肝、火腿、蹄筋入砂锅。将锅里清汤舀入砂锅，加葱结、姜片。上炉旺火烧沸，压盆加盖，移小火烧至酥烂，揭盖去盆，拣去葱姜，捞出各料，凉片刻。

6. 将鸭拆尽骨、去头，鸭肉切成小长方块、火腿、肫肝切成片，蹄筋切段。长约寸许。

7. 将蒸透的干贝、虾米及山药片、肫、肝、蹄筋铺入盛原汤的砂锅内，然后放入鸭肉块，上加笋片、冬菇、火腿鱼圆，加入绍酒，加精盐少许。盖上砂锅盖，上旺火烧沸，移小火焐至酥烂，上席时启盖撒上荠菜末即可。

（三）特点

原汁原味不勾芡，五色羹浓肥又鲜，异香扑鼻味正纯，苏式菜肴堪一绝。

2018 年 10 月 20 日，陆氏家谱颁谱仪式在夏雷村隆重举行，当我把陆龟蒙和“甫里鸭羹”的故事分享给大家后，场上 500 余名陆氏宗亲纷纷起身鼓掌。有人高声问：什么时候能在百年老店三鲜美食城里品尝到“甫里鸭羹”？

其实，这个问题我早就问过自己。“甫里鸭羹”这道名菜，

宋 · 佚名《溪芦野鸭图》

历史悠久、记录详实、流传有序。我作为陆氏子孙，从事餐饮行业四十余年，恢复“甫里鸭羹”责无旁贷。这些年，我一直在琢磨这道菜，到现在，可以说已经初具眉目，但我并不急于推向市场。一来，应该对古人存一份敬畏，不能简单地把传统菜单搬过来，生吞活剥注定要失败。二来，今天的老百姓味蕾都很发达，要是随便弄个鸭菜应付了事，很快就会被食客抛弃。虽说如今鱼目混珠屡见不鲜，但鱼目毕竟是鱼目，无论如何也成不了珍珠的。我想，一旦“甫里鸭羹”重回餐桌，这道千年名菜要对得起历史文化，对得起寻常百姓。这是陆氏子孙向祖先的致敬，更是百年老店的使命和担当。

正是河豚欲上时

河豚是当之无愧的极品美食，世人常将河豚与美女西施相提并论——河豚肝被称之为“西施肝”，河豚精巢被称之为“西施乳”。特别是河豚精巢，洁白如乳、丰腴鲜美、入口即化，那种美妙绝伦的感觉，真不知该如何形容。由于河豚有剧毒，尤其他的肝脏和卵巢，初加工与烹调不得法，吃了会死人，所以有“拼死吃河豚”的民谚。

据专家考证，中国人吃河豚的历史非常悠久，《山海经》中就有记载。六朝时的建康（南京），河豚文化非常发达。作为齐梁文化的发源地，常州（武进、江阴）一带不仅盛产河豚，而且从官方到民间，吃河豚相沿成习，谁家的河豚烧得最好，谁就受到特别的尊敬。

苏东坡，爱河豚胜过性命

苏东坡非同寻常的一生中，跟常州结下了不解之缘。他是杰出的诗、词、文、书、画大家，也是一个美食家，特别还是个“河豚迷”。那首“竹外桃花三两枝，春江水暖鸭先知。蒌蒿满地芦芽短，正是河豚欲上时”早已成为中国文学史上的名篇。

这首诗是苏轼著名的题画诗《惠崇春江晓景二首》之一。画的作者是一个叫“惠崇”的和尚，他生活在北宋初期，是北宋初期著名的“九僧”之一。“九僧”都擅长写诗词、绘画，是一群有着风雅态度和文人情怀的出家人。可能是冥冥之中的宿缘，苏东坡不论在顺境、逆境，遇到意气相投的僧人，都诚意结交，投诗、参禅、冶游、雅集，不亦乐乎。这位惠崇和尚，就是其中的一位。

惠崇擅长绘画，曾经画了一幅《春江晓景》，画里有竹子、桃花、鸭子、蒌蒿、芦芽、江水，但没有河豚。苏东坡看到芦苇长出了短芽，河边长满了蒌蒿，情不自禁地想起河豚正在逆流而上，从大海游回江河，所谓“正是河豚欲上时”。

宋人孙奕在《示儿编》里记载着一则苏东坡吃河豚的轶事。

苏东坡闲居常州时，有个乡绅仰慕他的名声，请东坡去自己家里吃河豚。乡绅的家人们躲在屏风后面，听东坡吃河豚时说些什么。但除了筷子的声音咀嚼的声音，什么也没有。正在失望之时，猛然听苏轼放下筷子，大喝一声：“太好吃了！今天就是死了也值得！”

原来，苏东坡之爱河豚，胜过自己的性命。

河豚的美味是这样“炼”成的

河豚又称河鲀，古人对于河鲀毒性非常清楚。晋人左思《三都赋·吴都赋》有“王鲔鯸鲐”之句，其注曰：“鯸鲐鱼，河鲀。河鲀状如蝌蚪，大者尺余，腹下白，背上青黑，有黄纹，性有毒。”沈括在《梦溪笔谈》中说：“吴人嗜河鲀鱼，有遇毒者，往往杀人，可为深戒。”《太平广记》亦云：“鯸鲐鱼文斑如虎，俗云煮之不熟，食者必死。”《嘉靖江阴县志》在“鱼之属”中提道，“河豚，……凡腹、子、目、精、脊血有毒。”《丹徒县志》称：“子与眼人知去之。血藏脂内，脂至肥美，有西施乳之称，食者必不肯弃。苟治不法，则危矣。”

之所以不厌其烦地罗列上面这些话，是想说明，古人的这些记载透露三点信息：一是河豚是美食，二是河豚有剧毒，三是只要治之得法，剧毒是可以避免的。那么河豚怎样加工烹调才能变成美味呢？

下面介绍一下河豚的规范初加工与特色烹调方法：

一、严格挑选

选购河豚时以活为主，要认识雌性。吃河豚最佳时间，农历正月半到清明。这期间河豚最肥壮，过此季节消瘦体衰没有味。河豚只重750到1000克之间，以活的为珍品。表面无黏膜，眼球透明的鲜鱼次之；腐败变色者有腥味，血液渗透到肌肉者不得选用。人称“怪河豚”者即内脏器官不全，如单卵、黑血紫肉、发青色，异变的河豚一律弃之，不能采用。

二、初步加工

宰杀河豚的方法，极为讲究初加工之关键。旧时

清 · 王素《蔬果鱼乐图》

不外传，要撑着雨伞才能动手，带有神秘的色彩。但也是有一定道理的。因为当时受条件局限，多数厨房炉灶较简陋，又是烧柴草，环境差，污染多，撑着伞无疑活动空间狭小，注意力集中。当然，也有经营者思想保守，不肯让烹烧河豚的技术外传的因素。

具体杀拣要求：

1. 要有一套专用工具，容器、包括剪刀、竹篮（塑料盆桶）、刀具、抹布、砧板、水池等。

2. 宰杀时，不破内脏，并仔细严格鉴别，分开存放，分开漂洗，切不可混淆。

3. 要有专人分工负责，集中地段，集中时间，集中精力、集中工具，一气呵成，专职人员操作途中不能安插其他工作或任意远离。

4. 各种与生河豚及内脏接触的工器使用完毕，及时冲刷清洗，专门保管不能搁置或移作它用。冲洗后浸泡在碱性溶液中，洗涤晾干存放。

5. 下脚废料及污水及时冲刷入深井下水道内，固体部分入污物桶内统一处理（专用包装袋统一处理，不得散失）。

6. 烹调河豚时不用生水，以绍酒调节汤汁浓度。

三、烹调方法

常州（武进、江阴）地方烧河豚与其他地方也有区别，最普遍的是“红烧河豚”。“红烧河豚”可分为两种，即熬油烧、铺油烧（也称破油烧）。

河豚经宰杀、漂洗后，进入细加工阶段，分别用不同方法进行刀工处理，必须将河豚的肉（片或块）、河豚皮（整或块丝）、河豚肝（片）、河豚肠（段）、河肠骨（段）、河豚精白（段）分开。以 10 市斤（5 公斤）净鱼为例，需绍酒 750 ~ 1000 克，盐 3 克，食糖（绵白糖）300 克，酱油（红酱油）、葱、姜适量。

1.“破油烧”。先将绍酒、葱姜放锅内烧开，下肝片，同时煮沸放 15 分钟（中火保沸而不腾）至鱼肝呈鹅黄色（嫩）或深色（老一些）即放入鱼骨（前头骨，脊骨、鳍骨），翻炒后加入鱼皮，煮沸（不宜再翻炒或大翻锅、防止汤汁四溅）至骨肉能分离时（用筷子夹鱼皮，一夹即断为准），下鱼肉、鱼肠，这时可轻翻捣动煮沸（添加绍酒、盐、酱油调色），盖锅盖用小火焖四十分钟（当心不能烧干枯）开锅盖，放鱼精白，第二次加绍酒和食糖以增香提鲜解腥，煮沸即可停火、起锅装盒。为美化，可先盛以骨、填底、鱼肉，鱼皮最上面以精白点缀结顶、上桌食用。

2.“熬油烧”先用适量熟猪油及鱼肝片同时入锅熬制，使肝片成鹅黄色时再烹入绍酒、葱、姜煮沸，放入鱼骨、鱼皮……顺序同“破油烧”。

两种“红烧方法”风味各异，根据客人的要求和喜欢可分别烹制，待客人将鱼骨、鱼皮、鱼肉、精白吃完后，觉得还有剩下的浓汁不要浪费，可烩上一些油菜薹或蒌蒿芦芽，再或拌上一盆面条，那又是别具风味。但要注意的是，用火要均匀，铁铲以金属柄为好，木柄难免污染不易清洗，锅盖忌用木制的，防止木器易污染，传热又慢消毒不彻底。另外，烹调上灶全过程，人不离开，也不得中途试尝；盛器生熟绝对分开，污染的抹布不乱擦，不乱用，不乱丢，不乱放，用完后及时放碱水溶液中漂洗干净。灶面及时保洁。“红烧河豚”不宜单只烹调，都是统一烹制，分碗上桌的。

3.“白汁河豚”。取铁锅一只，放适量绍酒，加入绍酒葱姜，将鱼肝放入，用小火加盖，焖10分钟，将鱼肝捞出。原锅汤中放鱼皮（鱼肝放入竹篾篓中，压在鱼皮之上）一起用中火焖烧10分钟，投入鱼骨、鱼肉、鱼肠下锅同煮沸，加绍酒、盐、少许白糖，用小火焖40分钟至骨肉分离、鱼皮已卷曲、汤汁稠浓时取出竹篓，汁黏白改大火烧五分钟，即可出锅装盘，原汁勾芡撒上大蒜末，浇在盘中鱼肉上，然上桌食用。

河豚自古被誉为江鲜之首

景祐五年（1038），梅尧臣将在建德县（今属浙江）卸任，范仲淹时知饶州（治所在今江西波阳），约他同游庐山。在范仲淹席上，有人绘声绘色地讲起河豚美味，梅尧臣诗兴大发，写下了著名的《范饶州坐中客语食河豚鱼》：

清·钱维城《东坡舣舟亭图》

春洲生荻芽，春岸飞杨花。河豚当是时，贵不数鱼虾。
其状已可怪，其毒亦莫加。忿腹若封豕，怒目犹吴蛙。
庖煎苟失所，入喉为镆铘。若此丧躯体，何须资齿牙？
持问南方人，党护复矜夸。皆言美无度，谁谓死如麻！
我语不能屈，自思空咄嗟。退之来潮阳，始惮飧笼蛇。
子厚居柳州，而甘食虾蟆。二物虽可憎，性命无舛差。
斯味曾不比，中藏祸无涯。甚美恶亦称，此言诚可嘉。

平心而论，梅诗人这首诗旨在讽刺为了名利而不顾气节的人。作者的结论是：河豚鱼味很美，正如《左传》所说“甚美必有甚恶”。在诗人眼中，河豚“腹若封豕（大猪）”、“目犹吴蛙（大蛙）”，面目实在可憎；“入喉为镆铘（利剑）”，一剑封喉，实在惊心动魄；“若此丧躯体，何须资齿牙”，更是对河豚是力贬。

有意思的是，后代的人，大多置梅先生的“警告”于不顾，却对这首诗的开篇四句非常欣赏。政治家、文学家欧阳修曾在《六一诗话》中说：“河豚常出于春末，群游而上，食絮而肥，南人多与荻芽为羹，云最美。故知诗者谓，只破题两句，已道尽河豚好处。”欧阳修的“破题两句”当指“春洲生荻芽，春岸飞杨花。”

河豚质鲜味美，营养丰富，自古被誉为江鲜之首，深得人们的偏爱。但含剧毒，烹食不当，便有意外发生。所以江苏省烹饪协会每年在江阴华西村举办“烹制河豚”培训班——从河豚的养殖到质地鉴别、从河豚的初步加工到烹制秘诀、从河豚的食用事项到中毒解毒的方法进行专业培养，并请专家示范表演，学员品尝。培训结束考试合格者，由省烹饪协会颁发合格证书和“烹调河豚”从业资格证书。厨师有了专业证书，方能在规定的饭店、规定的厨房持证操作烹制河豚。

河豚的话题还有很多很多。作为一道地地道道的常州名菜，“红烧（白汁）河豚”承载着厚重的历史文化情结，愿一代又一代厨师与美食家们一起守护并把它发扬光大。

拉风箱出身的名厨唐志卿

“烽火连三月，家书抵万金。”今天的年轻人恐怕很难理解，在通信不发达的年代，写信和收信是一件多么重要的事——收到了信，意味着你牵挂的人和事有了着落；而如果长时间收不到家人或朋友的信，则意味着失去了他们的音耗。焦急、等待、埋怨……都无济于事。

在我的书橱中，珍藏着一封特殊的信，写信人是常州餐饮前辈唐志卿。在我人生起步的关键时刻，唐老前辈的这封信，让我彷徨的心一下子清朗起来，可以说是“一语惊醒梦中人”。

小饭店里的小学徒

唐志卿出生于1935年，13岁左右就在惠民桥旁边的小饭店当学徒。他生前经常讲：自己是拉风箱出身。什么叫拉风箱？过去的饭店大多是小饭店，几张方桌，几条长板凳，炒菜的煤炉就架在自己店门口，露天操作，雨天就撑把大伞。炒菜讲究火功，要旺火速成，炒出的菜肴才滑嫩爽脆。为了火旺就用古老的木制风箱，让一个人在边上不停地拉（相当于鼓风机），使炉膛产生旺火。唐志卿还说：饭店的老板就是炒菜大师傅，亲自上炉炒菜，如果你风箱拉不动，火不旺，师傅的炒菜勺子就打到你脑袋上了。刚进店时他人小拉不动风箱，师傅经常请他吃“脑袋瓜子”。

唐志卿从十多岁起，在餐饮行业干了几十年，大大小小待过七八个门店，最有影响的就是常州三大甲级馆之一的绿杨饭店。三大甲级馆是指绿杨饭店、德泰恒菜馆、兴隆园菜馆。80年代前的“德泰恒”与“兴隆园”都是在老式木结构民房中开店的，“兴隆园”还是用庵堂改建的。绿杨饭店是新造的房子，楼上有简单的客房。

唐志卿是常州餐饮行业新旧发展过渡时期的一个关键人物。当时南京拥有江苏酒家、苏州有松鹤楼菜馆、无锡有中国饭店、镇江有京江饭店、扬州有菜根香饭店、徐州有鲁兴菜馆，这些饭店档次都很高，有楼层、有包厢，设备齐全，餐桌餐椅考究。但常州三大甲级馆都只有一层大众餐厅，八仙台，长板凳，没有雅座，更谈不上有楼上包厢。在这样的条件下，唐志卿还能在省内为常州餐饮行业争取到一席之地，确实功不可没。

——1976年，唐志卿组织编写出版了《常州菜谱》，执笔者为左贵民；

——1978年，饮食公司内部举办首届“七二一”业余大学（厨师培训班），学员都是行业内厨工，唐志卿开始负责常州饮食公司技术对外交流工作，时称“唐教授”或“唐老师”；

——1982 年，唐志卿担任江苏省饮食业高级技术职称考评领导小组成员。

……

80 年代初，我从兴隆园菜馆调到饮食公司教育科，当时正有一个厨师培训在培训之中，培训班班主任吴建中要出国，由我接替负责培训班的后续工作。从那时开始，我与唐志卿相识并共事。其间，我协助唐志卿做了几件大事。

——1982 年，开展常州餐饮行业的一二三级的红案厨师的考核工作，评定了一大批等级厨师；

——1983 年，举行常州餐饮行业一市三县厨师、点心师技术大奖赛，评选出许多优秀厨师和优秀菜点；

——1984 年、1985 年，协助共青团常州市委举行全市青工大奖赛，获团中央的表扬与肯定；

——1984 年，参加《中国菜谱》（江苏）暨《中国烹饪词典——地方风味菜点》编纂工作；

——1984 年，唐志卿应邀到江苏省商业专科学校烹饪专业授课，传授常州名菜红烧甩水，等等。

绝妙佳肴“灯盏鸭”

1984 年 10 月，唐志卿迎来了人生最辉煌的一年。江苏省举行了首届“美食杯”烹饪技艺锦标赛，唐志卿热情高涨，积极备战，我再次作为他的助手，全程应战数月，终于完成任务。通过比

清・华嵒《春水双鸭图》

赛，他得到了一个优秀菜点奖，晋升一级工资。他在比赛中做了一个花色冷盘：蝶扇（跟杨继林学），二道热菜：盘龙戏珠、灯盏鸭。

灯盏鸭，又称油灯盏焖鸭，是常州市一级厨师唐志卿为参加“江苏省首届美食杯烹饪技艺锦标赛”而献上的一道创新热菜。此菜采用特制的烹饪锅具制成而连同上桌，锅口用棉纸封住不使蒸汽水回笼，以豆油灯盏（灯草芯）火为热能，长时间（20小时）微火慢煮，让汤始终保持在沸而不腾之点上，用火过程中要数十次的拨弄灯芯，以控制火苗的大小，烹制时汤水要一次性加足，调味料要分二次投放。成菜汤清、酥烂、香醇、鲜美，保住了原汁原味。是一道烹调上有独到之处并充分体现江苏烹调特色的绝妙佳肴。

一、原料

光肥鸭一只重约三斤，油炸葱白段四钱（装二袋），火腿蹄筒一只四两，葱段二钱，净猪腿肉六两，姜片二钱，绍酒七钱，姜块三钱（装一袋），精盐二钱五分，蒜瓣八颗，味精二分，花椒二十四粒（匀装二袋）。

二、制法

1. 将火腿筒一剖两半，斩成长约七分宽的块，入水锅中煮沸五分钟，捞出洗净，放碗内，加清水（以淹没为度），上笼蒸一小时，取下。将猪腿肉切成一寸长的块，入水锅中煮熟，捞出洗净，与火腿块放在一起，加葱段、姜片、味精（一分）、绍酒（三钱）

拌和待用。

2. 将光鸭整治干净，入沸水锅中略烫，然后将拌和的火腿、肉块从鸭的膛处塞入腹中，脯朝上放入焖锅中，加姜块袋、过油葱白袋（一只），蒜瓣花椒袋（一只）、绍酒（四钱）和清水二斤，用一只长腰盘压住鸭身，盖上锅盖，点燃五根灯芯，以旺火烧至近沸时，将鸭翻身（脯朝下），加入精盐，仍用盘压住，将棉纸潮水后挤干封住锅口，熄掉两个灯芯（保持三盏），直焖至离上桌前一小时，破除封口纸，取出压盘和三只香料调味袋，再换入余下的两只料袋，加入味精（一分）、另用棉纸封口，待离上桌前一刻钟时，再点燃两根（共五盏）灯芯，到时连锅上桌即成。食时去封口纸。

三、特点

此菜锅具是特制的。成菜汤水清澄，鸭形完整却酥烂脱骨，香味醇和而鲜美，是一道原汁味浓重的席上佳品。

为了做好“灯盏鸭”必须特制一只器皿——灯盏炉，我专门请了我的老邻居蒋金法师傅，蒋师傅的父亲叫蒋卫生，蒋氏一门三代做铜匠（冷铜匠），就是用一把铁榔头、一把木榔头，能将很厚的铜板板材敲打成各种炊具，以往常州“老虎灶”行业使用的铜锅子都是他们父子敲打出来的。六七十年代，父子在家经营，我们每天听到他们很有节奏的敲打声，后来蒋金法就并入常州饮食修理工场工作了。蒋师傅用了半个月时间才做成一只“灯盏炉”。

封锅口用的棉纸是我请常州锦华绸厂的厨师，培训班的学生白柏平取来的。

唐志卿在创制这道菜肴时我提出了一些建议，当时他并未采纳。

比赛隔夜为了烹制“灯盏鸭”，我一夜未眠，一直守护着灯芯，不断添油，调整火苗。

比赛当天，当“灯盏鸭”送进评判室，展示在各位特级厨师评委面前时，菜肴质地、口感、香味均未达到设计要求。比赛结束后，部分评委给唐志卿提出了宝贵建议。

当年12月份，我到镇江参加省饮服公司召开的培训教育会议。晚饭后，镇江市饮食公司教育科长刘琨与我一起散步，刘老是江苏省餐饮行业德高望重的人物，备受行业人士的尊敬与尊重。刘老说：“小陆呀，我问一个问题，你从烹饪专业的角度解释一下老唐做的灯盏鸭存在什么问题。”我就将先前做“灯盏鸭”给唐志卿提的几条建议说了一下：

1. 江苏菜肴讲究原汁原味，特别是汤菜更是要汤清见底，口味鲜美，汤菜是千万不能用蒜头、花椒等香料；

2. 火腿与葱白不适宜长时间密封加热；

3. “灯盏炉”只能作器皿盛具用，不能作炊具加热使用；

4. 整鸭应该用砂锅炖至酥烂后移至“灯盏炉”里，上桌前点上灯盏炉灯芯便可。

刘老听了后，竖起了大拇指。

“灯盏鸭”自问世到参加省级烹饪比赛自始至终也没有谁

品尝过，包括我这个助手也没尝过此菜。

刀子嘴，豆腐心

唐志卿任过常州市饮服公司技术培训中心副主任，为江苏省特级厨师。他身材魁梧，嗓门大，讲话声音高，为人直爽，处事随意，不施小技。但凡事讲原则、讲规则。有一件事给同行们留下深刻印象。

1980年，常州组团参加江苏省商业厅举行的各地“名菜名点”展览会。在展览会上隆重推出常州名菜：素火腿。唐志卿拟定的名称是：闻名遐迩的常州名菜——素火腿。开幕式前，常州市商业局某副局长去检查准备工作，发现了这个“奇怪”的名称。副局长不认识“遐迩”两字，问唐志卿：“什么意思？”唐回答：“远近的意思。”副局长又说：“为什么不用远近闻名？把闻名遐迩改成远近闻名。”唐志卿怒不可遏，当场痛斥副局长是“文盲”。同事们都为唐志卿捏一把汗，但唐志卿全然不顾。

唐志卿对不懂装懂的领导不买账，但对于真正有本事的同行却真心佩服。1983年，全国举行了烹饪名师技术表演鉴定会，江苏省派出了特一级厨师杨继林（南京）、特一级厨师刘学家（苏州）、特二级厨师高浩兴（无锡）、特三级点心师董德安（扬州）的参赛团队，年近五十的唐志卿此时已经是一级厨师，但他仍然放下架子，虚心好学，要求作为杨继林（时62岁）的助手参加鉴定会。

有句一度很流行的话：要把职业当作事业来做。因为职业仅是糊口的需要，而事业则是更高层次的建功立业。唐志卿可以说是把职业当事业来做的前辈，几十年来矢志不渝。唐老对自己高标准严要求，对于晚辈、后辈却是非常宽厚。

1986 年，我受常州市商业局的委派，参加中国商业部沈阳培训站举办的“宫廷菜”培训班。当时沈阳生活条件相当差，消费水平却相当高——去澡堂子洗个澡最低也要近一元钱，而常州当时花到一毛八分钱，可以享受最好的服务。更让人难以忍受的是，北方人一天只吃两顿，南方人简直难以适应。

唐志卿知道我的情况后，主动写信来鼓励我，信中说：这次你荣赴沈阳深造专业……是一次极好的锻炼机会。学业有成，必将促进和推动我市的烹饪技术向前发展。故吃点苦，经济上多用一些，当在理内……古语说得好，“有志者，事竟成”，相信你会去克服种种困难，获取优异成绩……餐饮行业前辈的谆谆教诲，让当时的我热血沸腾。“有志者，事竟成”这句话，多年来一直激励着我不断前行。

在管理绿杨饭店时，唐志卿有一句口头禅：管理者可以凶，不可以恶。言下之意就是，管理者要严格执行规章制度，但不能做伤害员工的事，常州人所谓“刀子嘴，豆腐心”，就是这个意思。他的这个管理理念影响了我几十年，我认为，到今天，这句话仍然没有过时，其背后体现的是朴素的“以人为本”的观念——要多让员工暖心，不让员工伤心。做好了人的工作，也就做好了企业的管理。

双桂坊传奇人物李粹光

提到“豆腐汤”，业内业外的人都能够说上几句。但在常州说“豆腐汤”，却不得不说“双桂坊豆腐汤”和它的创始人李粹光。

双桂坊是名副其实的美食一条街。由西向东，街右边第一家是副食品商店，接着是“马复兴面馆”“公余酒酱店”“健生豆浆店”“美味斋汤团店”“合作油条店”“回教锅贴店”“长兴楼菜馆”。街左边第一家是“光明甜白酒店”，接下来是“双桂坊豆腐汤店”“可可元宵店”“兴隆园菜馆”“双桂坊茶馆”“回教麻糕店”“回教茶食店”等等。一条不足120米长的街，聚集着数十家饮食店。

双桂坊豆腐汤店为一开间店面，是砖木结构的老房子，一楼店面大约12平方米，楼上还住着居民。店门口左边设置一个小灶台，用一口约五六十厘米的生铁锅烧制“豆腐汤”。灶台上面有一个挂壁碗橱，下面放榨菜末、百页丝、熟脂油、辣子酱、香醋、葱末等各式各样的配料和调料，上面盛放“豆腐汤”的碗，整整齐齐，赏心悦目。店堂内靠墙摆设三张小方桌，可容十多人同时吃“豆腐汤”，店门口右边是一个洗碗处。

双桂坊豆腐汤店也叫“李粹光豆腐汤店”，由李粹光夫妇经营。李粹光既是老板，又是师傅，还是伙计。他一人顶三人，早上天不亮就去菜场进货，回到店里开炉生火，夫人帮忙切配各种原料，然后由李粹光亲自烧“豆腐汤”。营业时，夫人既要收碗抹台，又要洗碗，有时还要摇手动鼓风吹风助火。

20 世纪 80 年代初，我在兴隆园菜馆工作，上下班天天要路过“双桂芳豆腐汤”店，每次都看到李老板亲自掌勺，忙前忙后。他操作时动作干净利落，十分漂亮。特别是每一锅“豆腐汤”烧到要勾芡的时，他左手拿一只大碗，高高举起，碗里山芋粉和清水调成的芡汁像一条线慢慢落下。右手掌勺，在锅中向顺时针方向不停地打转，使锅中的“豆腐汤”马上变稠变厚。

他给顾客打“豆腐汤”时滴汁不漏，碗边上干干净净。给每碗“豆腐汤”点上百页丝、榨菜末等调料时更是像蜻蜓点水，分量均匀，恰到好处。

每次看到李老板如此专业又如此潇洒的操作动作，我都会想：难道李老板受过专业培训？是什么名厨师学校毕业的？

李粹光生于1910年，十几岁就学徒讨生活。二十多岁结婚后，就在双桂坊设摊卖“豆腐汤”。他家住双桂坊马元巷 22 号，共生育八个子女（六男二女）。李老板有两大业余爱好，一是唱京剧，并有一帮票友，其中有高文龙、陈跃祖、蔡长民等。李老板喜欢裘派花脸，擅长唱《赵氏孤儿》《捉放曹》等，他十分喜欢扮演曹操。在他的票友圈里还有他的几个儿子，都能唱上几段名曲。特别让他自豪，也是他常常炫耀的是三儿子李寿成。

李寿成是国家一级演奏员，1963年毕业于上海京剧院学馆，师从著名京胡大师赵济羹，学习操琴。毕业后在上海京剧院工作，曾在现代京剧《海港》剧组担任主要琴师。他先后与著名京剧表演艺术家李丽芳、李炳淑、李长春、史依弘、李军等合作演出。李寿成还是京剧《狸猫换太子》唱腔设计者、京胡演奏者，该剧获中国第五届戏剧节优秀唱腔设计奖、第二届中国京剧艺术节优秀剧目奖和文华新剧目奖。他还任《宝莲灯》唱腔设计与京胡演奏，此剧获宝钢高雅艺术奖。曾随上海京剧院赴德国、瑞士、奥地利、日本等国家访问演出。

李老板京剧票友中的高文龙现在是常州京剧研究会的负责人，2018年8月15日该研究会受中央电视台邀请，由高文龙率领票友团赴京录制节目，李粹光的小儿子李小平也随团出演。

李老板由于喜爱京剧，烧“豆腐汤”的一招一式都有京剧的影子。他每天上十点半打烊回家，路过兴隆园菜馆门口时，我经常看到他左手托一把紫砂茶壶，右手不停地摆动，犹如在舞台上走着“台步”，潇潇洒洒。

李老板的第二个爱好是种植盆景，他种植的盆景是小型盆景，也叫“掌上盆景”。他在马元巷家里有一个天井，面积不是太大，加上孩子多，活动空间相对小。所以，李老板因地制宜种植培育“掌上盆景”，他的“掌上盆景”曾荣获过常州市

宋 · 梁楷《泼墨仙人图》

园林局举办的一、二、三届盆景大赛一等奖。获奖作品还请常州画家戴元俊临摹下来，装裱成册。

新中国成立至20世纪70年代中期，常州饮食企业分为“一统户”“合作店”“集体”“国营”四类。“一统户”就是个体户，也是夫妻老婆店（摊），双桂坊豆腐汤店就是夫妻店。70年代进行了最后一次合并，在广化街与城南街交界处摆了半辈子“豆腐花”摊头的王树宝老人，并入了双桂坊豆腐汤店，从此双桂坊豆腐汤店由“一统户”变成了“合作店”，李粹光由老板变成了门店主任，夫人、王树宝成了他的职工。

王树宝是个干瘪老头，身体瘦小。他来“豆腐汤”店后，李主任从来不让他烧“豆腐汤”，只让他在店门口用一块木板架在一只木桶上，切切鸭血片，切切百页丝，或者摇一摇鼓风机。原来，王树宝以前专门卖“豆腐花”，并不会烧“豆腐汤”。李主任爱惜羽毛，宁可自己辛苦一点，也要几十年如一日烧好“豆腐汤”。当年北大街南端的新生点心店的梁必顺，就是悄悄地到李粹光豆腐汤店偷师学艺的。

一锅“豆腐汤”养育了8个子女，个个成才；一锅“豆腐汤”浸润着专业精神，一丝不苟；一锅“豆腐汤”洒满了人间烟火，余味无穷。“豆腐汤”看似不上大雅之堂，但上灶烧好一锅红白相间的“豆腐汤”，业余唱好戏里戏外的人生角色，谁能说这仅仅是“雕虫小技”？

常州雅厨严志成

现在的厨师，动辄号称是“大师”。似乎不“大师”，就不能够叫厨师。但在20世纪70年代前期，全国的厨师很少拥有技术职称。听老一辈的厨师们说：“文革”前，各地的商校曾举办过几期厨师短训班，受训的厨师结业后，达到三级厨师技术标准的，就会得到一张证书。1978年，我在江阴工农饭店实习，饭店经理仰振华就是江阴县唯一的“三级厨师”。

1979年，全国饮食业开展大范围的等级厨师技术职称评定工作。厨师技术职称等级分为：一级红案厨师、二级红案厨师、三级红案厨师。一级红案厨师是最高职称。

1980年春天，我到兴隆园菜馆参加工作。一到兴隆园，老职工就告诉我：咱们店里有一位一级红案厨师。我肃然起敬，感到兴隆园菜馆的档次还是蛮高的。

老职工说的一级红案厨师叫严志成，当时已经67岁了，退休留用。严老中等个子，他14岁到大庆园菜馆当学徒，艺成后曾在万福楼、悦芳斋、常青等菜馆主厨，一辈子从事厨师职业。67 岁的严老腰背有点弯曲，眼睛有白内障，但精气神十足。50 年中，他桃李满常州，不少徒弟已成为餐饮行业的技术骨干。

严老在兴隆园菜馆有一个徒弟叫李力平，平时两人主要负责冷菜工作。逢到重要宴请，严老会亲自接待、亲自开菜单、亲自备料、亲自烹制。严老在冷盘制作、刀工切配、烹饪烹调等方面均有娴熟的技艺，在行业中颇有声望。

在与严老一起工作的那几年，有几件事让我印象深刻，至今记忆犹新。

80 年代初是下放知青回城工作高峰期，也是知青回城结婚办酒高峰期。当时常州只有“德泰恒”“绿杨”“兴隆园”三家饭店能办酒席，而且都在一楼。办酒主要集中在春节期间，一天要办四批：上午 10 点办一批，12 点办一批，下午 5 点办一批，晚上 7 点办一批。第一批的客人还没吃完，第二批客人已经站在一边眼巴巴地等位置了。

春节期间，有一天轮到我晚上住店值班。睡梦中，隐约听到敲门声，一声比一声急。一看手表，凌晨 5 点还不到，这么早谁会来敲门？我赶快穿好衣服，从后面楼上值班室（白天是会计室）出来查看。没有想到，敲门的竟然是严老！他带着徒弟李力平来上班了！原来，当天店里有人办喜酒，为了能按时开席，严老必须提前上班，在 8 点钟前把所有冷菜烹制完毕，这样就不会与早上 8 点钟上班的煤炉师傅抢锅台了。冷菜是整个酒席的开路先锋，必须第一个准时上桌，否则会影响整过酒席的进度。上午10点钟前第一批冷盘全部上桌，然后再准备下一批的冷菜。

1980年还是物资比较匮乏的年代，饭店烹饪原料是按计划供应的。常州食品公司每月供应兴隆园菜馆200斤生牛肉，生牛肉烹制成“五香牛肉”后，不是放在窗口敞开供应，而是藏在冷菜间专用冰箱里，等到客人来办“和菜”、办酒席才能用上一点。什么叫“和菜”？原来的客人，一般不会点菜。有些客人为省事，干脆告诉饭店准备花多少钱请客，让饭店合理配菜。当时“和菜”的规格有3元、5元、8元的。3元的可以有3个人吃，5元可以5至6人吃，8元可以8人左右吃。10元以上就酒席了。当时“五香牛肉”卖2元钱一斤。

那一年我大外甥10岁生日，准备在家里办一桌生日酒。为了能在店里买一斤“五香牛肉”，我请严老到南大街常州书场看了一场电影。严老在称“五香牛肉”时，一斤牛肉秤头上只是过了一点点，常州话说“仙了一点点”，只见他毫不犹豫操起刀，非常熟练地批下那一小片“多”出来的牛肉，藏入了冰箱里。

严老在工作上认真负责，一丝不苟，业余生活也丰富多彩。

严老家住西门新华电影院对面留芳路菜场旁边的老房子里。后来翻建成两层小楼，有天井有阳台。天井和阳台上，摆满了各式各样的盆景。一楼客厅为中式风格，红木长条案桌、雕花八仙台、松鹤太师椅，墙上挂着房虎卿的四尺整纸《松风虎啸图》，两边是周子青魏碑书法对联。长桌两侧放着剑筒，一只剑筒里插着鸡毛掸子，八仙台上放着一盆雀梅盆景，整个厅堂十分雅致。

严老每天一大早起来，第一件事就是泡一壶好茶，坐在天井里边喝茶边欣赏盆景。晚上下班回家，忙着给盆景浇水，星期天在家就是修剪盆景。严老有一个独生儿子，我问严老，为什么不让儿子帮着浇水？严老说："他不喜盆景，闻到花草的味道就头晕。"

兴隆园菜馆厨房班长叫蒋焕勤是严老的大徒弟。蒋焕勤老家在湖塘镇蒋家村，村前村后，种满了桃树、梨树、枣树和其他杂树。蒋焕勤每周星期二休息。有一天上午 9 点半左右，理应在家休息的蒋焕勤突然来到店里，自行车上，绑了一棵榆树。因为严老喜欢种盆景，蒋焕勤特地回湖塘老家，挖了一棵榆树送给师傅。我们几个年轻厨师看到那棵榆树的枝头乱七八糟，认为严老不一定会要。结果，严老用一把桑剪、一把钢锯三下五除二，不到一小时把一棵村头野树修理成枝杆挺拔、层次分明、错落有姿的艺术盆景雏形。

盆景之外，严老还收藏了房虎卿、戴元俊、周子青等许多常州名家的字画。

1980 年秋，高中同学带我去拜访戴元俊先生，请他为兴隆园画一张大画。戴先生画了四张四尺整纸的通景《湖石牡丹图》，后来装裱装框挂在二楼大厅，十分喜气。我非常喜欢戴先生的牡丹图，但当时没有请戴先生画一张。

严老收藏了好几张戴元俊的牡丹图，他想取一张钱小山的书法。正好我手上有两张钱小山的字，便提出来用钱小山的字

五代 · 董源《溪岸图》

交换一张戴元俊画，严老听了不吱声。过了几年我又重提旧话，严老仍然不接话……

后来，我把《溪岸图》的故事讲给严老听。

1938年，张大千来到了广西桂林避战乱。有天，在徐悲鸿家里见到南唐画家董源的《溪岸图》，惊叹不已。于是就和徐悲鸿商量，把画借回去好好欣赏。

张大千从广西回到四川，把《溪岸图》也随身带走了。六年后的1944年春，张大千派他的盟弟张目寒出面，到重庆找到徐悲鸿，找各种借口说这画呀，实在拿不回来了。能不能用扬州八怪之首、清代书画家金农的《风雨归舟图》交换？徐悲鸿见张大千如此喜爱，干脆就做个顺水人情。

到20世纪50年代，张大千去纽约办画展，《溪岸图》被著名的旅美书画鉴赏大家王季迁看到了。王季迁一见之下，喜欢得不得了，直接用八大山人和石涛等多幅明清书画把《溪岸图》换了回来。在没有书画拍卖交易之前，藏家们之间经常“以物换物”。

严老听了这个故事，过了一段时间就让我如愿以偿。现在想来，是严老宽宏大量，爱护我这个晚辈。从这件小事，也可以看出严老的为人。

1983年6月，经江苏省商业厅组织考评，江苏省人民政府授予全省商业系统严志成等35人特级厨师职称，这是有史以来江苏省首批特级厨师，严老是当时常州唯一的特级厨师。

1983年后，严老调任饮食公司厨师培训中心顾问；

1984年10月，江苏省举行了首届烹饪技术比赛，严老担任专家评委；

1988年2月，江苏省举行了“第二届全国厨师烹饪技艺鉴定会”江苏选拔赛，严老再次担任了专家评委。

80年代初，常州已有好几位年资很高的一级红案厨师，但能晋升为特级厨师的只有严老一人，可以说是凤毛麟角。我想，除了严老精湛的厨艺术外，与严老的雅好和艺术修养也有密切关系。经过艺术熏陶的人，比普通人多一份矜贵气，少一点市井气。

无锡名厨高浩兴

7月14日，在从北京回常的高铁上，惊悉锡帮菜大师高浩兴先生驾鹤西去，享年83岁。高老是无锡中国饭店的掌门人，也是江苏餐饮界德高望重的前辈。他的去世，诚如业内同行所说，是江苏餐饮行业的一大损失。

7月16日，无锡《江南晚报》用半个版面，报道了高老跟无锡中国饭店的情缘以及高老去世后各界对他的怀念。高老的音容笑貌，宛在眼前，也让我想起了跟高老交往的点点滴滴。

无锡中国饭店位于通运路汉昌路口，地处无锡车、船码头，那里是水陆交通繁华之地。1947年8月17日开业后，从规模、档次，到厨师团队，在无锡都是首屈一指。1951年6月，无锡市财政局出资，将中国饭店作价收买。1951年10月6日正式营业，成为江苏省最早的一家地方国营饭店。

我认识高老是在20世纪80年代。当时，常州名厨唐志卿先生和我去省饮服公司参加会议，常有机会向高老等省内同行请教。当时的高老已经是业内大名鼎鼎的人物，但非常和善，总是满脸堆笑，一点也不摆架子。加上中国饭店的名气实在大，全国各地的厨师都想去那里参加培训。要是哪位厨师能得到高老的指点，那更是不得了的事，拿现在的话来讲，很“牛叉”的。

原常州皮革机械厂食堂的一位临时厨工，通过关系在无锡中国饭店跟班数月，认识了高老，学会了几道无锡名菜，立即老母鸡变鸭，并靠着这点资本，在常州炫耀了几十年。

大约在1982年，江苏省供销社系统在无锡举办了首期厨师培训班，唐志卿先生与我受邀前往授课。我第一次见识了传说中的无锡中国饭店风采。

20世纪80年代的常州餐饮并不发达，像德泰恒、兴隆园、绿杨饭店三家甲级馆的店堂都在一楼，也没有包厢，店堂里用的是八仙台、长板凳，设施相当简陋，菜花比较单一。但当时的无锡中国饭店，服务员全部穿西装，带领结，穿皮鞋，这在当时非常让人震撼。对普通老百姓来说，西装革履只能在电影中看到。

如果说，“西装革履”只是外行看到的“热闹”，那么，在餐饮界的同行眼里，无锡中国饭店的“门道”可以说是叹为观止了。

无锡中国饭店共有六层楼面营业。其中一、二楼设5个餐厅，餐桌112张，可容850人同时就餐。一楼两个餐厅供应小品种、快餐、菜肴、三鲜馄饨、小笼馒头、冷饮。二楼“长城”“春涛”“鱼乐”三个宽敞的宴会厅，有空调设备，冬暖夏凉，名人书画、花卉盆景点缀其间。三楼至六楼是旅馆，有房间139间，设床位473张，配备旅客餐厅，方便住客就餐。

酒家部经营菜肴以江苏风味为主，兼营川、粤风味的菜肴，能做形象逼真、香酥可口的各种米面花色名点，苏式船点。厨房烹饪有两名省特级名师亲自掌勺，他们按照前辈名师传授的技艺，选料严谨，按部位分类分档使用。配料主次分明，突出主料。刀工精细，切片、丝、丁、条、块，粗细厚薄整齐均匀。烹饪注重本味，原汁原汤，甜咸适宜，味浓而不腻。炸、溜、炒、烤、煎，火候适中，脆、软、嫩、酥、韧、色调和谐，造型美观，香气宜人，味道鲜美。传统菜肴如龙凤腿、梁溪脆鳝、龙眼鳝片、天下第一菜等，是中外顾客百吃不厌的名菜。被誉为“十大名菜”的还有香酥肥鸭、三丝湖鲜、镜箱豆腐、鸡茸蛋、杏仁葛粉包、鲜奶鱼馄饨等。广受欢迎的椒盐排骨、炸猪排、糟溜鱼片、爆双脆等更是声名远扬。

饭店还利用太湖资源，创新了香酥银鱼、蟹斗银鱼、土司肫球、鳝排、虫草水鱼等新品种。并吸收川、粤系风味的麻辣豆腐、鱼香肉丝、酱油中段、太湖焗鸡等外帮名菜。每日上市供应的菜肴多达80余种，还按不同季节不断翻新。冬季供应各式砂锅、暖锅，增添广式六生八生菊花火锅任客选点，现烫现吃更是别有风味。既可承办喜庆筵席、会议伙食、团体包饭，也能经营太湖船点、旅游和菜。

这一切，对于刚刚入行的我来说，简直是眼花缭乱，由此也更加增加了对高老的敬佩。授课空余时间，高老尽地主之谊，

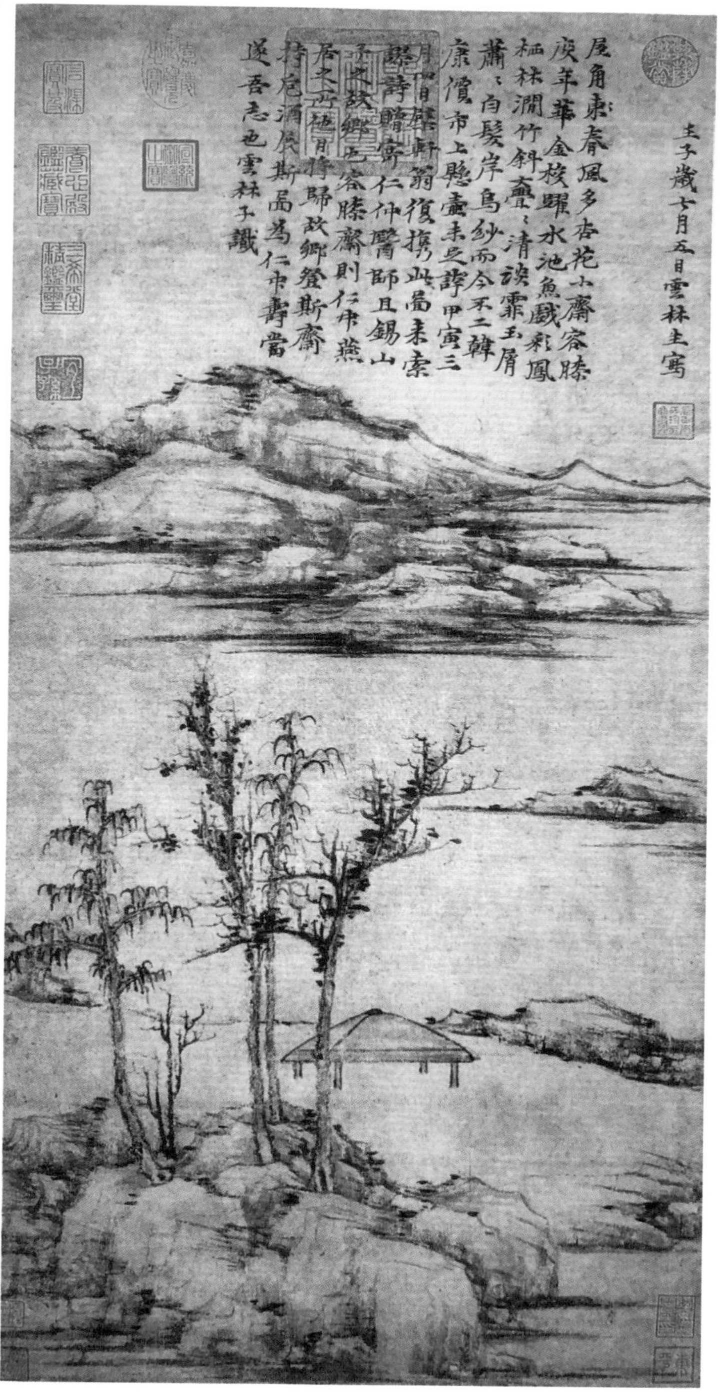

元 · 倪瓒《容膝斋图》

请我们常州同行到中国饭店吃饭。席间无锡名厨倪庭鹤，还教我怎样做“糟熘”菜肴，并把制“糟油”的秘方传承给我。

高老不仅厨艺精湛，而且口碑特别好。他为人亲和、谦虚，喜交天下朋友，待人接物堪称典范楷模。

20 世纪 90 年代初，我与两位同事到无锡去办事，那时交通不方便，不能当天来回，只能住在无锡。那天办完事已经不早，我们到傍晚还没找到合适的旅馆，眼看无店可住，就要露宿街头，我决定去找到中国饭店的高老。没想到，高老非常热情地接待了我们，食住全部帮我们安排好。跟我一起的两位同事有点受宠若惊，以为我跟高老是亲戚。

高老的热情好客在业内是出了名的。平时，朋友要在无锡找个人办点事，高老都全力以赴。有时，办好了事还作东请朋友吃饭。

1983 年，江苏省饮服公司在无锡华晶宾馆举行《中国烹饪》江苏专辑编纂会议。当时会议伙食费标准相当低，高老得知后，无偿提供了两大桶油（每桶 300 斤）和一批烹饪原料，让大家安心开会。会议期间，他还抽空专门来看望与会同行。

中国人讲究礼尚往来，“投我以木桃，报之以琼瑶”。高老的热情好客，得到了同行和朋友们的认可。20 世纪 80 年代，北京人民大会堂的厨师纷纷慕名前往无锡中国饭店学习、培训，高老慷慨传授技艺，双方结下深厚的情谊。

几年后，江苏省派出了杨继林、刘学家、高浩兴、董德安四位选手，赴人民大会堂参加全国首届烹饪名师技艺术表演鉴定会，高老在京的徒弟们在选备用烹饪原料时帮了很大的忙。高老当时是江苏省特二级厨师，他参赛的菜肴是鸡茸蛋、梁溪脆鳝、莲荷童鸡、三丝湖鲜。比赛结果，高浩兴荣获得了表彰。全体参赛厨师受到乌兰夫等党和国家领导人的亲切接见并合影留念。

1992年，中国饭店接管经营不善的京沪酒楼。承蒙高老抬爱，他专门请我前去传授“糊涂鸡”的制作。“糊涂鸡”是常州三鲜美食城的当家花旦，按理说不能外传。但高风亮节的高老开了口，我决定毫无保留地将“糊涂鸡”的技艺传授给无锡的同行。那天，高老非常开心，跟我交流了许多话题。还专门请我到他的家里去坐坐。高老的家离中国饭店不远，转过两条巷子就到了。记得高老的家里并不豪华，但非常干净整洁。

高老1936年出生在无锡西漳一个普通家庭，父母早亡，跟随表姐长大，13岁开始学徒。1955年被无锡饮食公司录取派进中国饭店，先后任团支部书记、酒家部主任、副总经理、党支部委员、总经理。师从常州籍的大厨费祥生和张文奎，在中国饭店干了一辈子。

大师已经远去，但火尽薪传。高老留给后人的不仅是精湛的厨艺，更有一代宗匠的高风亮节。正如《江南晚报》所说，高老是沪宁线上餐饮界永远不会忘记的“高经理”。

2019年7月14日北京回常途中

附：2019 年 7 月 16 日《江南晚报》报道

曾以梁溪脆鳝、龙凤腿扬名业界，带领中国饭店位列“中国 500 强”

无锡名厨高浩兴驾鹤西去

原中国饭店总经理、特一级厨师、中国元老级烹饪大师、中国烹饪大师名人堂宗师高浩兴老先生因病于 2019 年 7 月 12 日上午 9 点 18 分逝世，终年 83 岁。高老在无锡众多大师、名师中德高望重，是无锡餐饮界极具影响力的顶级烹饪大师。

梁溪脆鳝因他名扬四海

高浩兴出生于 1936 年，无锡西漳乡人。他 13 岁在无锡一饭摊当学徒，后经工会介绍进入中国饭店，1955 年拜师费翔生。几十年来，他在业务技术上虚心好学、刻苦钻研，在实践中善于引进外地菜肴的风味特色，勤于继承和开拓创新。1983 年，他参加全国首届烹饪大赛，荣获表演奖“一战成名”。香港《文汇报》特地为他制作的“梁溪脆鳝”作了专题介绍。后来人民大会堂管理科的科长把脆鳝作为国宴当中的一个冷菜，自此无锡脆鳝更加名扬四海。

中国饭店的“十大名菜”中，不少都是高浩兴的得意之作。当时人们到店必点的特色菜龙凤腿就是其一。此菜之所以得名，此菜以虾为“龙”，以鸡作“凤”，将鸡丝和虾仁结合后，用猪的网油包成一个腿煎炸，造型逼真，外脆里嫩。辅以辣酱油、咖喱粉、胡椒等广帮调料，入口有一点甜又有点咸，一时风靡锡城。还有皮子用鱼肉敲出、包裹虾仁的鱼皮馄饨也是他的手艺一绝。他创制和改进的“香酥银鱼”“莲荷童鸡”等菜肴，早已成为无锡地方名菜。1984年，他还被邀请担任了江苏省首届美食杯大赛评委，曾任省、市烹饪协会理事、无锡市饮食业菜馆行业协会副会长、省高级烹饪技术职称评定委员会评委。

经营管理创下多项“第一”

高浩兴进入中国饭店后历任团支部书记、酒家部主任、副总经理、党支部委员，1987年任无锡中国饭店总经理至退休。他任职期间，创下许多市内行业“第一”：第一家举办“京苏川粤菜肴展销”的饭店、第一家开创大饭店供应“盒饭”的饭店、第一家为员工俞泉生举办“俞记煲仔”专题美食节的饭店、第一家有中央空调的社会饭店、第一家穿着西装工作服的饭店、第一家组织职工（包括退休工人）旅游和吃年夜饭的饭店、行业中第一家文明单位、第一家信得过单位等等。他为中国饭店的发展作出了重大贡献。

正是他的奋力开拓使中国饭店的规模和业绩得到飞速发展。他放下大店架子，增设夜市，特设“蟹宴”“百鱼宴”“全鸭宴”等满足不同层次消费者的需要。他开拓跨行业经营领域，开设了全省饮食服务业第一家金饰品店“无锡金屋”，为企业发展创出了一条新路。他对接管的亏损企业京沪酒楼实施全方位调整，增设“大排档”，进行中秋月饼总经销，充实早茶品种，硬是扭转了亏损局面。他还走出老店，开展横向联合，相继开设分店，使得营业额与利润额出现了多倍增长。在他任上，企业经济效益大幅度上升，1991 年被列为全国饭店业 50 强之一，1993 年获省创利税十强奖牌，1994 年又荣列中国 500 家最大饮食服务业企业第 22 位。

众人缅怀，省协唁电高度评价

闻知高老去世消息，无锡餐饮与旅游界一片悲怆之情，大家为失去这样一位锡菜宗师悲痛万分。“怀念高老！向锡菜宗师、名匠致敬！”“一代宗师锡菜大师高浩兴为无锡菜的传承和振兴作出了巨大贡献！我们怀念您！愿高老一路走好！”“高老是无锡餐饮业的前辈，为弘扬发展锡帮菜作出了贡献，愿他一路走好。”不少餐饮行业人士表示，高老一生为人亲和、谦虚，喜交天下朋友，待人接物堪称人师典范，是沪宁线上餐饮界永远不会忘记的“高经理”。他对餐饮前辈尊重有加，对同行关心帮助，对同事关爱关心，真诚的情谊令人难忘、敬佩和敬仰。

“记得当时高老在中国饭店当总经理的时候，也是来锡外宾去中国饭店用餐最兴旺的时候，高老也为无锡的国际入境旅游作出了重要贡献。”无锡旅行社业协会会长蒋越庆说。“高老一辈子坚守、研究、弘扬和传承无锡菜，为当下无锡菜的繁荣作出了重大贡献。他得锡菜真传，却能大胆创新无锡菜，是无锡菜走出无锡成为国内著名菜帮的功臣。身怀精湛烹饪技艺的高老带徒传艺，培养了一批又一批锡菜高徒名厨，特别是在退休后的 20 多年里，依然维护着锡菜传统特色，积极推动锡菜创新发展，成就了如今锡菜欣欣向荣的繁华盛世。”无锡烹饪行业协会会长陈为民评价说。江苏省烹饪协会特地发来唁电，高度评价高浩兴是江苏烹饪餐饮界德高望重的翘楚和领军者，赞扬他为江苏烹饪餐饮业的发展倾注了大量的心血，做出了不平凡的业绩。

（晚报记者 金恬伊）

江苏烹坛兄弟情

20世纪80年代，江苏烹饪行业活跃着三个“兄弟”。他们是常州拉风箱出身的名厨唐志卿、扬州商业技工学校教务员王镇、无锡商业技工学校烹饪教师常德宽。唐志卿身材魁梧，嗓门大，讲话声音高，为人直爽，不拘小节。王镇出身书香门第，60年代初毕业于扬州师范大学，身高1米85，人高马大，但性格温润如玉，讲话慢条斯理。写得一手好字，打得一手好篮球，还曾是扬州市青年篮球队主力队员。常德宽中等身材，戴着眼镜，斯斯文文。出身于无锡正规饭店，身怀烹饪绝技，桃李满梁溪。

那时“三兄弟”年富力强，志趣相投，立志在烹饪上做一番事业。每次江苏省饮服公司召开会议或举行大型活动，都是“三兄弟”相互学习、相互交流、相互促进的好机会。唐志卿当时有句名言：“我们是同行同志加兄弟。”他们虚心好学、彼此尊重、亲如手足的气氛，让许多同行非常羡慕，也非常感动。

1983年3月初，常州饮服公司接到省饮服公司关于召开《中国烹饪》江苏专辑编辑会议的通知，公司决定让我代表常州赴扬州参加会议。当年公司工作人员出差开会办事，必须由公司最高领导批准。当我接到通知时，其他员工都投来了羡慕的目光。有的同事还让我带这带那，我去办公室开介绍信时，夏光潮秘书就叫我顺便买几支扬州毛笔。

去扬州参加《中国烹饪》江苏专辑编辑会议，是我参加工作以来第一次出差，也是从省商校毕业后第一回扬州。出发前，我专门拜访了行业前辈唐志卿。他特别向我介绍了“三兄弟”之一的王镇，还当面写了一张便条，让我转交王镇。我想，虽然是代唐老师向王镇老师问好，但作为后辈的我，第一次与王镇老师见面，总不能两手空空吧。于是，我就到常州麻糕店，花 2 元钱买了 10 块大麻糕带到扬州。王镇老师非常高兴。

会议结束前，王镇老师对我说：“你在扬州多住一晚上，明天早上我请连云港的周承祖和你到富春花园茶社喝早茶。”第二天早上，王镇老师骑着自行车来到小盘谷商业招待所来接周承祖和我。去富春花园茶社有好几里路，王镇老师推着自行车，我与周承祖师傅一左一右，边走边聊。

富春花园茶社坐落在盐阜路上的“个园”之中，与我母校江苏省商业专科学校一步之遥。“个园”是中国四大名园之一，“文革”时期，园林有一部分分给居民当住宅用，一部分由各单位占用，还有一部分就开了百年老店富春茶社的分店——富春花园茶社。

走进富春花园茶社，店经理与厨师长热情地迎了上来。坐定后，经理与厨师长亲自服务，忙前忙后，给我们上了烫干丝、水晶肴肉、油爆大虾、千层油糕、杂色包子等扬州名菜名点。一席早茶，看出了王镇老师在扬州餐饮圈里的地位和平时做人的水准。这是我第一次品尝扬州富春早茶，虽然在扬州读书数年，但是以前路过富春茶社只能看看而已，一个穷学生是没有余钱去喝早茶的。

1984 年 1 月，唐志卿应江苏省商业专科学校邀请，到校给烹饪专业的学生示范教学菜，我作为助手又回到母校。教学任务完成后，王镇老师又请唐志卿和我到富春花园茶社品早茶。到达富春花园茶社时，店经理已在包厢门口等候，大家一番寒暄，服务员泡上“魁龙珠”茶，大家开始慢慢品茶，同时欣赏着包厢里悬挂的名人字画。

其中一幅画的近景是寒风中的枯柳，片叶全无；中景是寒江中的渔翁，独坐扁舟；远景是寒色中的群山，残雪覆顶。王镇老师问唐志卿：“老兄，你知道这幅画是什么意思吗？”唐老师老老实实回答说：“不清楚。”王镇老师一本正经地说：“你们看，画中的柳树已经被寒风刮得一片叶子也没有了，这是讽刺封建社会统治者搜刮民脂民膏。再看，天寒地冻，江中的鱼虾早已冬眠，渔翁哪还能钓到鱼来维持生计？”唐老师听后非常佩服，连连表示：“领教了！领教了！”

现在想来，这幅画表现是柳宗元“千山鸟飞绝，万径人踪灭。孤舟蓑笠翁，独钓寒江雪”的意境。王镇老师或许心里明白，但却换了一种角度来表达画意。“诗无达诂”，画也是这样。

自 1983 年相识王镇老师，每次到省饮服公司开会，总能听

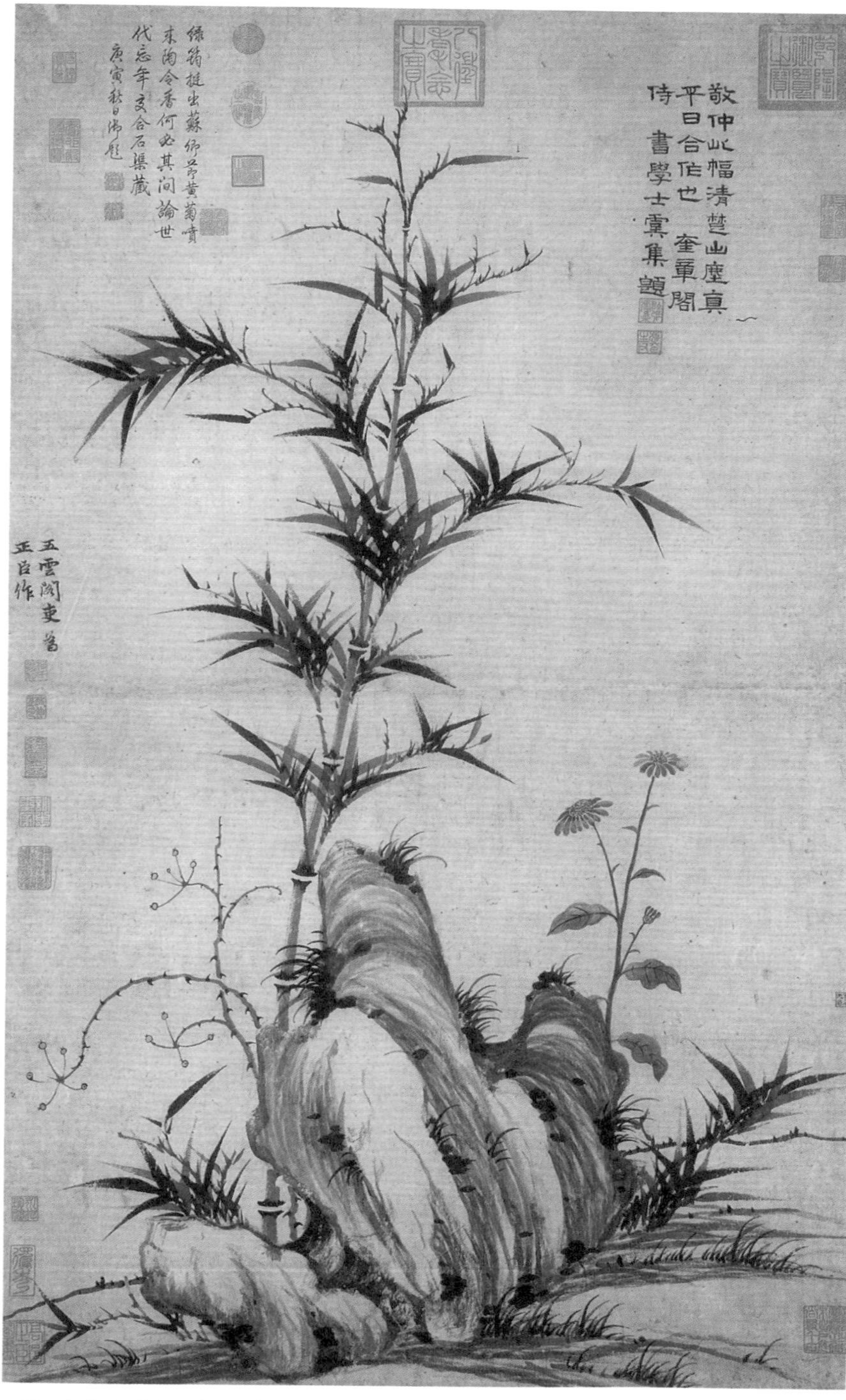
敬仲此幅清楚出塵真
平日合作也 奎章閣
侍書學士虞集題
綠筠挺出蘇卿節黃菊清
來陶令香何必其間論世
代忘年交合石渠藏
庚寅秋日御題
五雲閣吏為
正臣作

元 · 柯九思《晚香高节图》

王镇老师引经据典的精彩发言，领略他喝水拿杯子时的潇洒风采。

有一次省饮服公司在无锡华晶宾馆开会，一天晚饭后，王镇老师约上南京饮服公司教育科长丁梅玲和我一起沿着京杭大运河散步。散步时，王镇老师讲了一个故事：

有一年，他的亲戚生病，需往南京治疗，他就写信给南京餐饮行业的泰斗人物胡长龄。胡老接到信后，多方联系安排好医院，并亲自到车站去迎接。见面后，王镇老师递上一个信封给胡老，内有500元人民币，烦请胡老代为宴请有关人士，胡老一一照办。病人痊愈出院时，胡老亲自为王镇老师和亲戚送行。上车前，胡老拿出一个信封交给王镇老师说："现在不能拆开，必须开车后才能看。"车开出数里后，王镇老师拆开一看：500元钱分文未动，并附上衷心的祝福。

王镇老师讲述时眼含热泪，我们也深深地感动。

1993年，我到三鲜美食城后，王镇老师专程前来看望我，并谆谆教导我：有了一定的基础，要专心做好事业，不要急于求成；有了一定的财富，不要急于购买豪华的、轻浮的东西；有了一定的事业，更要努力学习传统文化。文化积淀到一定程度，无论做什么，必定是有"文化气息"的……这些教诲多少年来一直铭记在我心中，让我受益匪浅。

如今，我又把王镇老师的这些教诲，传授给我的家人和员工，鼓励他们坚持学习中国传统文化。只有不断提升自己的精神内涵和文化气质，才能在鱼龙混杂、光怪陆离的诱惑面前始终立定脚跟，任何时候都不迷失方向。

“豫豐泰”特制蟹黄酱

今年情人节早上，女儿对我说：“老爸，我想吃小时候您为全家烧的蟹粉豆腐。”“好的，我马上叫快递送一份新鲜的蟹黄酱来。”女儿很好奇：“老爸从来不网购，怎么知道网上有蟹黄酱卖呢？”

女儿的话，勾起了我三十多年前的一段回忆。

一

20 世纪 80 年代中期，中国的大地上春潮涌动。我在常州厨师培训中心任教，传授烹饪艺术。培训中心聘请有一位高级顾问严志成，已经 75 岁，是当时常州唯一的一位特级厨师。他的“特级证书”由江苏省商业厅和江苏省劳动厅联合颁发的，含金量非常高，用今天的话来说，那是政府层面的认可，不仅代表了技术水准，更有巨大的公信力“背书”。不像后来满天飞的“大师”证书，是个厨师几乎人手一张。

有一年秋天的下午，我去严老办公室请教。闲聊中我说，菊黄蟹肥，丹桂飘香。这样的季节，星期天在家烧一份蟹粉豆腐，让一家老少尽情品尝，倒也不失为一件惬意的事。

说者无意，听者有心。几天后的星期天，一大早就有人敲门，开门一看，原来是严老的公子，专门送来了半碗蟹粉。严公子说：这是我父亲昨晚亲自动手剥的，叫我送来，让你全家今天吃上蟹粉豆腐。当时我非常感动，严老送来的不仅仅是半碗蟹粉，更是一个餐饮行业长辈对晚辈的情意和关爱，以及无限的期待。

那一天，我们全家都很开心。

不知不觉，三十多年过去了。今年春节前，我收到一份特殊的礼物——“豫豐泰”商行特制的蟹黄酱两瓶。“豫豐泰”蟹黄酱外包装非常考究，整体设计古色古香。装蟹黄酱的瓶子，类似老北京“酸豆奶”的盛装风格，极富民族传统特色。

年初二晚上，我宴请宁波回常过年的老同学，用这两瓶“豫豐泰”蟹黄酱包了3客小笼包子（36只），做了一道蟹粉豆腐。一点一菜上桌后，12位同学一扫而光，大呼过瘾！

二

“豫豐泰”商行特制的蟹黄酱，我也是第一次品尝。其实“豫豐泰”商号在1949年前就是常州响当当的知名品牌。

旧时，各行各业运输物资主要靠京杭大运河，常州怀德桥两侧就是物资集散地，那里有两处著名的集市：豆市河（街）与米市河（街）。两条街上主要经营豆与米，同时也开有许多其他商行，如木行、竹行、渔行等。“豫豐泰”木行就是其中较有影响力的商家之一。

“豫豐泰”木行老板王永健，心地善良，为人诚朴宽厚。经营木行，始终以诚信为本，以义取利，老少不欺，因此口碑很好，生意兴隆。木行经营木材分为圆材与方材。旧时木行经营的规制是：圆材是根据木材中间直径大小定价，论根数卖；方材根据板材中间宽度，计立方卖。一般木行老板或测量师傅在测量尺寸时，都是“套大不套小”，这样买家就吃亏了，买到的木材往往立方数不足。而“豫豐泰”王老板与他人相反，他是“套小不套大”，买家花同样数量的银子，在“豫豐泰”木行买到的木材数量要足，“豫豐泰”因此远近闻名。

很多人不知道的是，“豫豐泰”王老板还是个典型的“吃货”，对传统饮食文化、烹饪艺术都有很深的研究。每年螃蟹上市，王老板几乎天天要翻着花样吃螃蟹。为了一年四季都尝到螃蟹的美味，他摸索出一套独家秘方，熬制了可以长期保存的蟹黄酱。王老板的蟹黄酱在美食小圈子内的名气，不比他的木行名气小，小圈子里的“吃货”们，无不以讨得王老板的私房美味为荣。

三

多年以后，王永健的木行已消失在历史的洪流之中，但“豫豐泰”的经营理念和独家的蟹黄酱制作工艺却被后人传承了下来。现代“豫豐泰”商行，把先人的副业，做成了主业——独门经营秘制蟹黄酱。

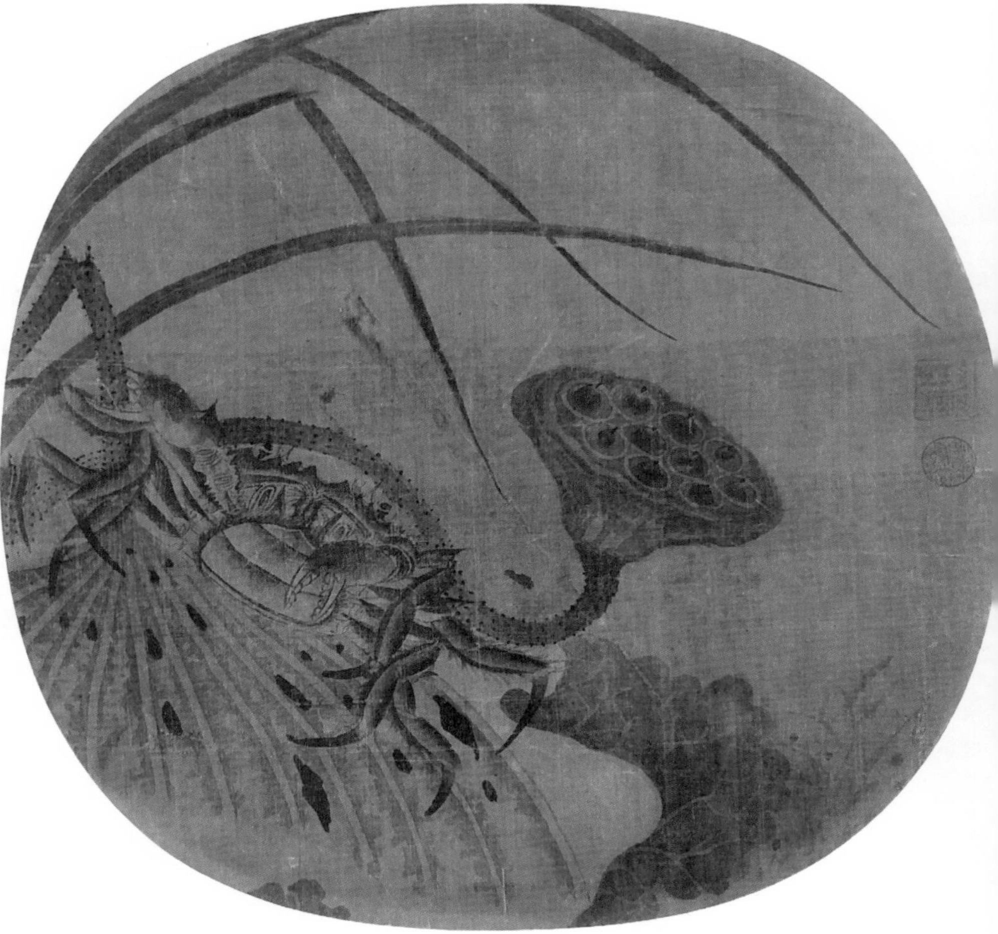

宋 · 佚名《晚荷郭索图》

蟹黄酱的制作工艺十分复杂与讲究。首先必须选用阳澄湖当年十一月份出水的活蟹，公母配比是：三公四母。活蟹放入锅内注冷水、葱节、姜块、黄酒，加锅盖用重物压上，用文火慢慢加温至沸点，再煮片刻后捞出，待自然冷却后再分档进行剥制蟹粉。将蟹粉熬制蟹黄酱，必须选用新鲜猪板油熬制的脂油，熬制时不能使用葱姜末炸锅，要使用预制的葱姜汁与蟹粉加黄酒同熬，这样熬制出来的蟹黄酱不会变质发酸，保质保鲜时间可达一年。每年熬制蟹黄酱的时间必须在小雪前后五天完成。

中国人吃食蟹的历史悠久，且很多吃蟹的故事，都跟名士的风流倜傥联系在一起。在茅山炼过金丹的葛洪，形象地称蟹为“无肠公子”；《世说新语》里的毕卓，“一手持蟹螯，一手持酒杯，拍浮酒池中，便足了一生！”千年之下，依然传为美谈；终老常州的苏东坡，自称“吴中馋太守”：“堪笑吴中馋太守，一诗换得两尖团”“不到庐山辜负目，不食螃蟹辜负腹”……

但中国人究竟什么时候开始吃螃蟹，似乎没有定论。所以鲁迅说：“第一次吃螃蟹的人是很可佩服的，不是勇士谁敢去吃它呢？”

鲁迅所说的吃螃蟹勇士，在民间传说中还真有。

相传几千年前，江河湖泊里有一种双螯八足、形状凶猛的甲壳虫，不仅偷吃稻谷，还会用螯伤人，故称“夹人虫”。后来，大禹到江南治水，派壮士巴解督工，“夹人虫”严重妨碍水利工程。巴解想出一法，在“夹人虫”出没处掘条围沟，沟里灌上沸水，“夹人虫”过来，就纷纷跌入沟里烫死。烫死的“夹人虫”浑身通红，发出一股诱人的香味。巴解好奇地把甲壳掰开，一闻香味更浓，便大胆地尝了一口。这一口不得了，从此，人人畏惧的害虫，变成了人间美味。后人为了纪念敢为天下先的巴解，在“解”字下面加个“虫”字，创造出了今天的“蟹”字，意思是巴解征服了“夹人虫”，是天下第一食蟹之人。

民间传说往往掺杂了夸张和虚诞的成分，但更多的是寄托了老百姓的特殊情感以及对美好生活的向往。

四

螃蟹的吃法多种多样，最简单的烹制方法是用清水煮或上笼蒸。

食时边吃边去其腮和胃，蘸以香醋，辅以姜丝，下酒、佐餐均极佳。

品尝时考究一点可配食蟹工具“蟹八件”，吃剩下的蟹壳蟹脚还能拼成各种图案。螃蟹的胃形似和尚，传说就是《白蛇传》中拆散许仙和白素贞美满姻缘的法海和尚，被白素贞和小青打得无处藏身，只得躲进蟹壳。其实，法海和尚也是匡扶正义的好和尚，只是不解人间风情而已。

江浙是中国最富庶的地区，历来对生活的品质要求很高。体现在吃蟹上，江浙一带厨师创造出许多以蟹粉蟹黄为主料的名菜名点。如：蟹粉豆腐、清炒蟹粉、炸炒蟹脆、软煎蟹盒、雪花蟹斗、蟹粉狮子头、蟹油水晶球、蟹黄汤包、加蟹小笼包、顶黄小笼包等等。为了让更多的人一年四季能品尝到蟹粉菜肴的美味，豫豐泰商行化“私”为公，将家传的特制蟹黄酱技艺发扬光大，解决了一个传统难题，真是功德无量！在这个意义上，称“豫豐泰”为当代吃蟹第一人恐怕并不为过。

五

螃蟹不仅仅是人们餐桌的美味、厨师手中做菜的原料，也是自古以来文人墨客创作的素材。唐宋留下了许多有关食蟹的诗词，诗仙李白在《月下独酌》中这样描写鲜蟹美酒：“螃蟹即金液，糟丘是蓬莱。且须饮美酒，乘月醉高台。”

历代画家们也留下许多“蟹”情“蟹”趣，特别是近代大家齐白石，笔下的“螃蟹”惟妙惟肖、“蟹”趣横生。更有甚者如黄永玉，将“四人帮”喻作横行的“螃蟹”，1976年“四人帮”倒台后，他创作了“釜中螃蟹”图，来表达当时的“大快人心事”。

螃蟹是一种普通的生物，在人类历史长河的演进中，产生了不同的文化解读：它催生了勇士“敢为天下先”的豪情、名士“粪土当年万户侯”的傲骨和文人骚客们的锦绣文章。无论是演绎真、善、美，还是揭露假、丑、恶，数千年来，一代又一代华夏子孙呵护文化血脉、传承人间正道，中华文明因之绵绵不绝，欣欣向荣，而“豫豐泰”以及无数像“豫豐泰”一样的追梦人，正是这民族文化的接力者！一份蟹黄酱，寄托的是对中华烹饪文化的自信和先辈大师们的景仰。泽被子孙，在这里是一道看得见、摸得到的风景，也是风情万种的人间烟火。

乌江、乌参和女神

在“天宁十大名菜”中，常州餐饮商会会长丰月琦好福记大饭店制作的菜肴“葱烤乌参红烧肉”无疑是只重头菜。业内都知道，只有上档次的大饭店，才有技术能力制作海参菜肴，而且在筵席中是以“头菜”上席的。

海参分为光参和刺参两大类，乌参属于光参类，通体光滑无肉刺。乌参主产于海南岛南部及西沙群岛。

“葱烤乌参红烧肉”是一道组合菜，首先是“葱烤乌参”。在烹饪理论中“烤”是这样定义的：烤，是用特制的叉子叉着原料上火烤的一种方法。操作前先把原料腌制一下，烤时要掌握好火候，不能烤焦，也不能烤得不透，例如木炭烤鸭。那“葱烤”是怎么回事？扬州有“京葱扒鸭”，沈阳有“扒烧海参”，“京葱扒鸭”就是将新鲜的香葱或大葱放入油锅中炸至“金黄”捞出，然后与鸭同烧成熟后，将鸭扒在平底碗里上笼蒸至酥烂，原汁勾芡浇在鸭上，上桌食用；“扒烧海参”就是海参在锅内用小火慢慢收汁，使调料卤汁全部收到海参上，明油起锅，色汁光亮，口感有味。“葱烤”是常州用语，葱与海参同锅烹制，“葱”起香味，“烤”指慢火收汁，讲究火候，确保乌参的质地质感。海参含蛋白质较高与红烧肉搭配从营养角度可以互补，猪肉含有油脂，能起润滑作用。

乌参与乌江，一个是烹饪原料，一个江河地名，两者有什么关系？宋代诗人李清照写过一首五言绝句《乌江》，诗云：

生当作人杰，死亦为鬼雄。至今思项羽，不肯过江东。

此诗写于诗人南渡途中，靖康二年（1127），金兵入侵中原，宋王朝的琼楼玉宇烟消云散。徽、钦二帝饮恨北狩，康王赵构亡命南逃。当李清照和大批难民南逃至乌江项羽自刎处时，不觉心潮起伏，面对逝者如斯的浩浩江水，李清照写下了这首千古绝唱。诗激昂高亢，毫不含糊地提出：活着就要做人中的豪杰，为国家建功立业；死也要为国捐躯，成为鬼中的英雄。爱国之情，溢于言表，在当时确实振聋发聩。

大厦将倾，赵宋朝廷衮衮诸公苟且偷生，中原河山从此陷入万劫不复。因此，诗人想起了项羽。项羽突围到乌江，乌江亭长劝他急速渡江，回到江东，重整旗鼓。如果这样，项羽本也可以苟安一方。但他自己觉得无脸见江东父老，因此拒绝了亭长的好意，回身杀入重围，斩敌数百直至筋疲力尽，然后自刎而死。

李清照宛如一枝腊梅，芳香宜人，端庄淡雅。看似柔弱如花，实则骨气刚强。1987年，国际天文学会命名水星上第一批环形山，

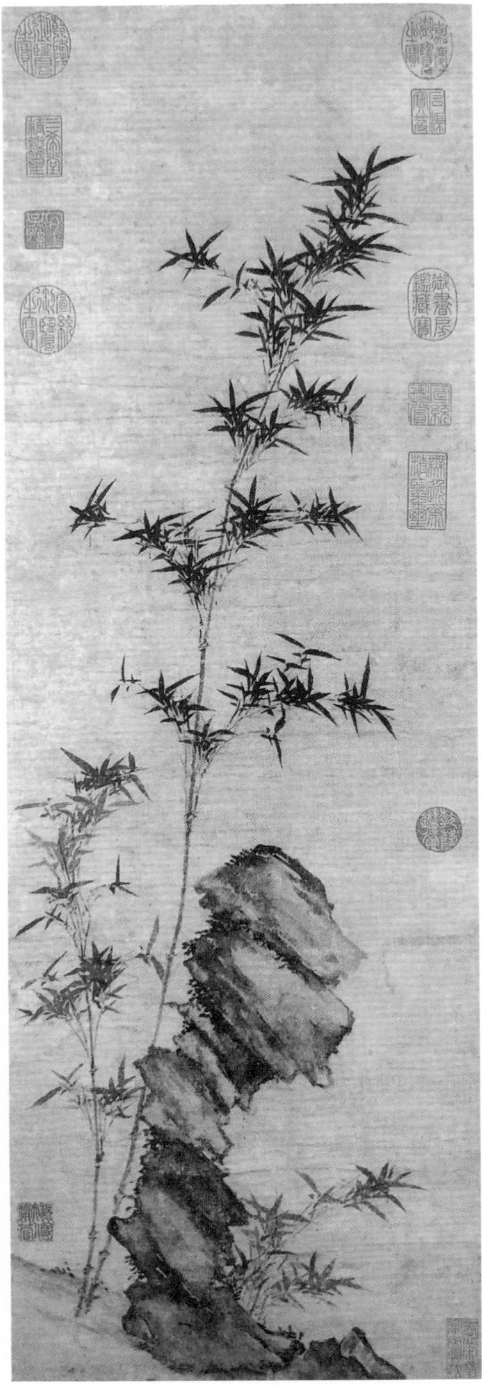

元 · 管道升《竹石图》

有十五座环形山以中国人的名字命名，其中一座的名字就是李清照。作为一名生活在旧时代的女性，能够在指不胜屈的中国古代贤达中脱颖而出，成为中国文化的象征，获得世界的瞩目、认可，在宇宙太空大放光彩，这是个多么瑰丽的传奇！

说完李清照，现在来说说好福记大饭店掌门人丰月琦女士。

认识丰月琦是在30多年前，我与她父亲海先生有些交往。海先生是改革开放第一批勇士，下海做餐饮，非常成功。当时常州风靡“糊涂鸡”，他们就创制了“口福鸡”。出于对海先生的敬重，对“口福鸡”的香味问题，我曾悄悄地打过电话提过“建议”呢。他们多次询问打电话人的身份，我总是顾左右而言他。今天的“福记”餐饮源于“口福鸡”的“福”字，“福记”餐饮从无到有、从小到大、从一到多，几十年来是常州餐饮行业的标杆。

今年我母亲大人95岁，当年八十大寿的福寿宴就办在“好福记”，我亲侄女、亲外甥女结婚的喜宴也都是办在“好福记”。当初，三鲜美食城在常州第一个开办年夜饭后，口福鸡公司员工的年夜饭，就安排在“三鲜”。同为餐饮人，理应相互信任与支持。我与丰总接触不多，但经常听到业内人士中的赞美：敬业爱业、精益求精、爱护员工、豪爽大度、乐于奉献、富有爱心等等。“福记”餐饮对常州餐饮行业特别是天宁餐饮的发展功不可没。

前段时间，新浪采访96岁高龄的著名女画家陈佩秋先生，记者问：陈老，您诗、书、画及鉴赏全能，能否称您为当代“李清照”？陈老一笑，谦虚地说：我哪能与李清照相提并论。

李清照是宋代诗坛“女神”，陈佩秋是近现代画坛“女神”，丰月琦是常州餐饮行业的“女神”。在不同的时空、不同的领域里有着不一样的“女神”，但有一点是相同的，那就是不屈不挠、敢作敢为的精神。

乌江，流传的是“力拔山兮气盖世”的悲情；乌参，演绎的是“巾帼不让须眉”的传奇。乌江，英雄美人俱往矣！乌参，人间美味正当时！

功夫菜肴“明都八珍”

2019年元月28日傍晚，明都大饭店老总打来电话，说要送一份年菜“年夜饭”给我。我说自己开饭店的，怎么还要你送菜呢？他说，是请你品尝，请你提建议。盛情难却，我只好收下了。可是，当我拿到“年夜饭”打开一看，惊呆了……

一

孟子说，独乐乐，不如众乐乐。这么一大份高档“年夜饭”，当然应该让更多的人来享用。正巧第二天，约了18位同学一起吃年夜饭，我决定把它奉献出来给大家品尝，让更多的人知道明都大饭店的名菜。果然，当这道大菜上桌时，一位同学惊呼：“佛跳墙！”我当时补充一句，也可叫“周代八珍”。等不及我详细介绍，大家纷纷起身下箸，品鉴后一致竖起大拇指点赞。

其实，称此菜是“佛跳墙”或“周代八珍”都不完整。它的正式名字叫“明都八珍”，是常州明都酒店管理公司研发中心镕铸“周代八珍”和“佛跳墙”，潜心打造的一道名菜。

周代的“八珍”是用多种烹调方法烹制成的八种菜。《周礼·天官》及《礼记·内则》记载周代有名菜“八珍”，汉代的郑玄、唐代的孔颖达等均对“八珍”作了详细的考证。后世关于“八珍”有不同的说法。

有一说是龙肝、凤髓、豹胎、鲤尾、鸮炙、猩唇、熊掌、酥酪蝉。另一说是“迤北八珍”，醍醐、麈吭、野驼蹄、鹿唇、駞乳麋、天鹅炙、紫云浆、玄米浆。此外，还有“上八珍”“中八珍”“下八珍”之说。

各个朝代都有不同的改良版“八珍”名菜。清代就有一款“参翅八珍”,“参翅八珍”中海产品占半数。指参（海参）、翅（鱼翅）、骨（鱼明骨，也称鱼脆）、肚（鱼肚）、窝（燕窝）、掌（熊掌）、筋（鹿筋）、蟆（蛤士蟆）。其二是“山水八珍”。葱烧海参八珍，原指八种珍贵的食物，后来指八种稀有而珍贵的烹饪原料。

二

历代改良最成功、最具影响并流传至今的“八珍”菜肴要算“佛跳墙”。“佛跳墙”是闽菜中居首位的名品佳肴。因其用料讲究、制法独特、滋味浓香，而驰名中外。

据内行人说，“佛跳墙”起源于清道光年间，最初是福州聚春园菜馆郑春发烹制出来的。郑春发原先在布政司周莲府中当家厨。一天，周莲被钱庄老板请到家中吃饭，钱庄老板娘为了讨好周莲，效法古人用酒坛煨制菜肴。周莲一尝，赞不绝口。

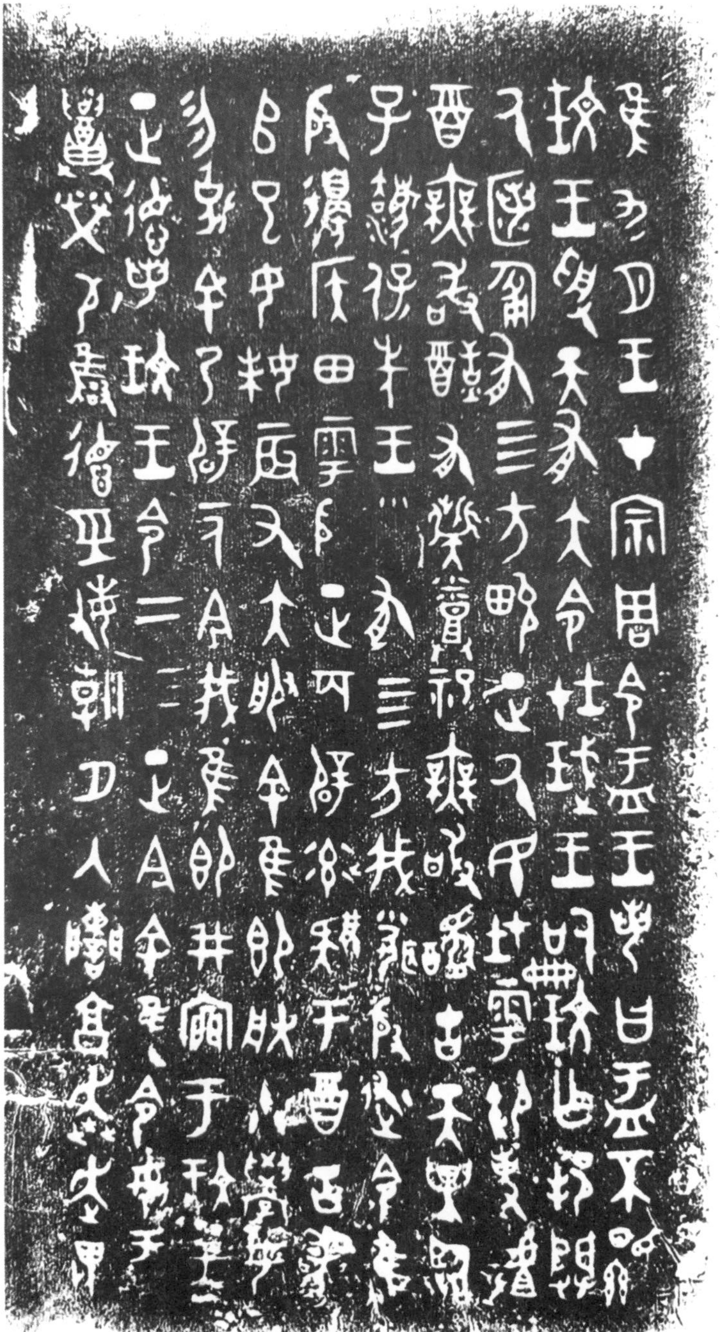

大盂鼎拓片

回府后，他要郑春发依样画葫芦，但试作多次，均不成功。随后，周莲带着郑春发到钱庄现场取经。回到衙门后，郑春发精心研究坛煨技术，巧妙地增加山珍海味，对每种主料都取其精华，经过多道加工，最后用绍兴酒坛细心煨制，效果大大超过了钱庄老板娘的手艺。

后来郑春发自己开了聚春园菜馆，当家的花旦，就是他精心研制的坛煨菜肴。当地有几位秀才，听说聚春园菜馆有异香奇味的好菜，便到菜馆一探究竟。结果，堂官居然捧出一个陈酒坛来，秀才说错了错了，我们不是要陈酒，是要那个好菜。小二你醉了是吧？酒坛里怎能出珍馐佳肴？堂倌笑而不答，手脚麻利地打开坛盖，刹那间，异香满室，扑鼻而来。刚才还在嘲笑堂倌的秀才们瞬间陶醉了，一个个摇头晃脑，拍手同赞：妙哉！妙哉！一位老秀才更是诗思如涌，随口吟出一句："坛启荤香飘四邻，佛闻弃禅跳墙来。"郑老板一听，正好！这道菜就叫"佛跳墙"。

根据记载，烹制"佛跳墙"时，取绍兴酒坛，加清水置微火热透，倾去。坛底置一小竹箅，先将煮过的鸡、鸭、羊肘、猪蹄尖、猪肚、鸭肫等置于其上，然后将鱼翅、干贝、鲍鱼、火腿，用纱布包成长形，置入坛中，其上置花菇、冬笋、白萝卜球后，倾入绍兴酒与鸡汤，坛口封以荷叶，上覆一小碗，置于炭火上，小火煨两小时。启盖，置入刺参、蹄筋、鱼肚，立即封坛，再煨一小时。

上菜时，将坛中菜肴倒入盆中，卤妥的蛋置于其旁，配以小菜糖醋萝卜、麦花鲍鱼脯、酒醉香螺片、香糟醉鸡、火腿拦菜心、香菇扒豆苗等，就凑成一席地道的福州“佛跳墙宴”了。

三

由于“佛跳墙”是把几十种原料煨于一坛，既有共同的荤味，又保持各自的特色。吃起来软嫩柔润，浓郁荤香，又荤而不腻；各料互为渗透，味中有味。

“明都八珍”当然不是简单地复制“佛跳墙”。它采用干货南非鲍鱼、干货辽参、美国鹅掌、安徽黑猪手、广西云南花菇、浙江笋尖等八大名贵原料，先将干货原料经反复涨发，鹅掌、猪手初步加工至净，然后进行烹制。烹制工艺十分复杂，先要用竹箅子放入煲锅里垫底（*以防加热烧焦*），再依次排放已经初步成熟的各种原料，加入调料与原汤汁，上炉先用大火烧沸，再用文火长时间煨至稠汁。

福建的烹饪专家说，真正的佛跳墙，在煨制过程中几乎没有香味冒出，反而在煨成开坛之时，只需略略掀开荷叶，便有酒香扑鼻，直入心脾。盛出来汤浓色褐，却厚而不腻。食时酒香与各种香气混合，香飘四座，烂而不腐，口味无穷。在这一点上，“明都八珍”可谓完美传承。其成品色质为浅褐色、造型圆满、香味扑鼻、味道浓郁。上桌时打开盖子香气四溢，完全达到“坛启荤香飘四邻，佛闻弃禅跳墙来”的境界。品尝时感觉是：第一口是醇香；第二口是甜上口、咸收口；第三口是双唇粘……从口味上论是完完全全的维扬风味，从工艺上看是地地道道的粤闽风范。因此，可以说，“明都八珍”是淮扬风味跟粤闽风范的一次完美融合。

更为难能可贵的是，“明都八珍”加工成熟后可以现吃，也可冷凝后装盒馈赠亲友，家庭团聚时略加用火便能食用，非常方便。这既是“明都八珍”不同于“佛跳墙”之处，更是它善于把握时代脉搏的表现。

“明都八珍”是一道真正的功夫菜肴，带着古老的血统，透着现代的巧思。在品尝“明都八珍”的宴席上，原常州厨师培训中心主任张燕生说：十多年前在北京国际饭店品尝过正宗“佛跳墙”，印象非常深刻。今天品尝了“明都八珍”，其品质完全超越了当年的“佛跳墙”，是真正的人间至味，三生三世都不会忘记。

寿宴 寿联 寿星

“拜寿”是中国传统文化中的一个重要内容，上至天子百官，下到黎民百姓，都有过生日祝福拜寿的活动。改革开放四十年以来，老百姓生活水平不断提高，各种喜庆宴会层出不穷，特别是三毛宴、生日宴、福寿宴，天天都有。

餐饮行业为了迎合顾客的需求，往往设计一些吉祥如意的菜肴名称衬托宴会气氛，如三羊开泰、百岁如意、万寿无疆等等。这次“天宁十大名菜”中就有一道叫“童子拜寿凤飞天”的寿宴专题菜。

在烹饪专业里，菜名中用到“童子”，就是表示原材料比较“嫩”，如“生爆童子鸡”；用到“龙与凤”，即表示用的原材料中有鱼、蛇、鸡。“童子拜寿凤飞天”这道菜就是选用童子甲鱼与老母鸡炖制而成。

说到“拜寿”不得不说一下“五女拜寿”的故事。明嘉靖年间，户部侍郎杨继康六十寿辰之际，五对女儿、女婿前来拜寿，并争邀二老回府欢度晚年。义女三春与丈夫邹应龙因家境贫寒，遭到杨夫人的冷遇。后来，杨继康遭严嵩陷害，被削职抄家，逐出京都……慑于严嵩的权势，诸女之中只有义女三春愿意将杨继康夫妇收留。后来三春的丈夫邹应龙中状元，严嵩倒台，杨继康沉冤昭雪，诸女又来拜寿。一番沉浮，杨夫人方知人间冷暖。

在民间，“拜寿”一般就是举行“福寿宴”，而且形式简单雷同：吃菜吃面吃蛋糕，喝茶喝酒加聊天。祝福词千篇一律：福如东海、寿比南山；日月昌明、松鹤长春，缺少个性与文化气息。其实，古人对于这件事非常重视，这里介绍两副特色寿宴对联。

清代彭文勤在乾隆皇帝八十大寿寿宴上，在位五十五年的寿联可以称“最”了，其上下联以“五”和“八”为对，可谓对得天衣无缝：

龙飞五十有五年，庆一时，五数合天，五数合地，五事修，五福备，五世同堂，五色斑斓辉彩服。

鹤算八旬逢八月，祝万寿，八千为春，八千为秋，八元进，八恺登，八音从律，八方缥缈奏丹墀。

1863年新科进士琼林宴，选在慈禧太后生辰之日，这是她垂帘听政后的第二个生日。待文武百官贺寿拜礼毕后，由大主考和副主考带状元、榜眼、探花等新进士上殿，行三跪九叩之大礼，既是贺寿，也是谢恩。

太后颁旨向进士们赐金花后，说道：“翁状元、万榜眼、张探花，你们三位是朝廷新贵、天子门生，我有一副上联，请

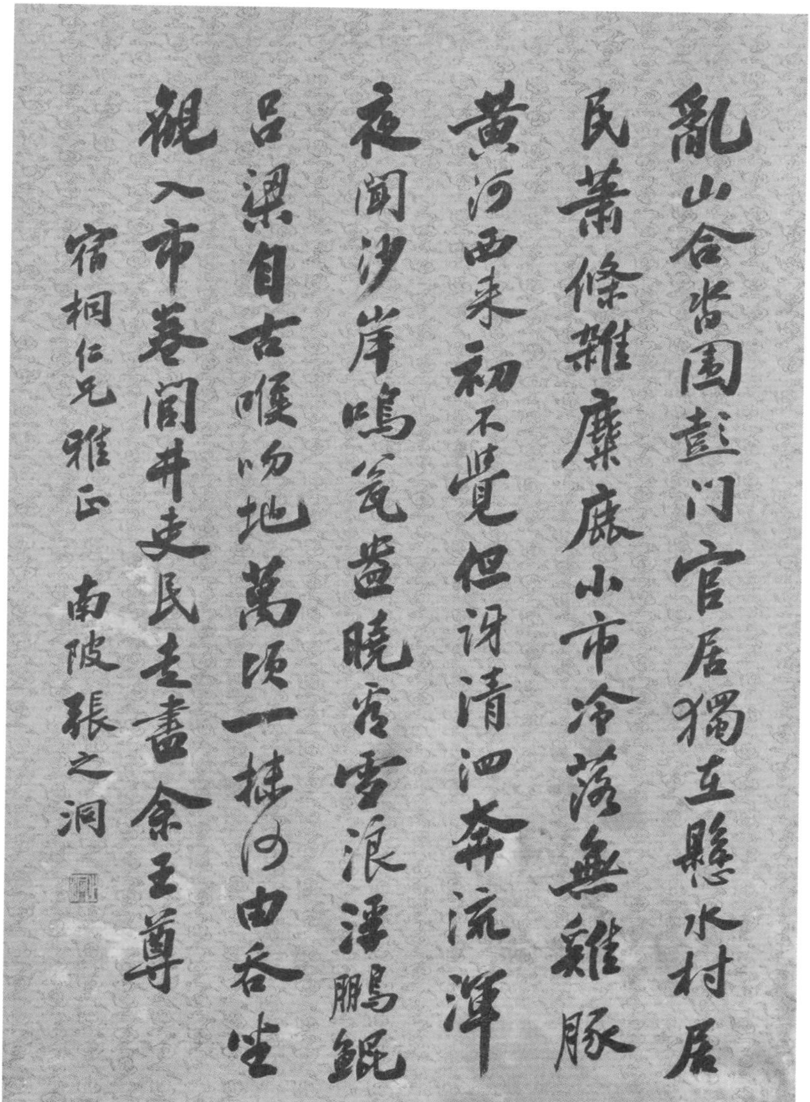

清 · 张之洞书法

诸位对下联，属上好者，即为我太后门生，并立授官职。”只听太后说道：

落水灵龟献寿，天数五，地数五，五五还归二十五，数数定元始天尊，一诚有感。

张之洞思考时，不经意地向旁边扫视了一眼，突然看到大殿旁边的一幅丹凤呈祥的巨幅丹青画，顿时灵感呼啸而至。他脱口而出：

丹山彩凤呈祥，雄声六，雌声六，六六总成三十六，声声祝慈禧太后，万寿无疆！

张之洞一联既出，四座皆惊，满朝文武一片称颂。慈禧更是万分高兴，称张之洞是其得意门生，授职翰林院编修兼侍读。此后，张之洞声誉鹊起，步步高升，官位日崇。

“童子拜寿凤飞天”也是一道滋补汤菜，两大主料均为营养丰富的食材，而且配以一些补充人体元气的辅料，烹调方法是文火慢慢炖制，使各种原料中的营养成分充分溢出，溶解于汤内，产生天然鲜味，便于人体吸收。

无论是婚宴、乔迁宴还是拜寿宴，菜肴只是宴会的一个组成部分，它的核心内容还是文化。

“糯米稻草鸭”随想

“天宁好味道”美食评选活动总共有47道菜肴，从参评菜肴的制作技巧、烹调方法、装盘形式及原料选择上，充分彰显了天宁区整体烹饪水平和餐饮行业的软实力。参评菜肴中既有常州传统名菜，也有各自的创新菜和招牌菜，百花齐放，可圈可点。其中，“糯米稻草鸭”尤为突出。

糯米稻草鸭的创制，我是见证者。当年，杨国英夫妇在五角场开饭店，生意兴隆，座无虚席。有一年春节前，杨国英夫妇来三鲜美食城采办糊涂鸡与唐老鸭赠券回馈客户。在交流中，夫妇俩向我请教，我毫无保留地交了底，并讲述了许多地方名菜的传说与制法，其中包括苏州“陆稿荐酱汁肉”的故事。

相传，苏州观前街东头有一爿肉店，店主人是陆氏夫妇。有一年夏天，酷热难熬，人们茶饭不思，根本就不想买肉吃。这可苦了陆氏夫妇：歇业吧，断了生计；开业吧，杀一头猪不知卖到何时。为此，夫妻俩整天愁眉苦脸。

一天午后，骄阳似火，夫妻俩在屋里急得团团转。这时，一个衣着褴褛的老乞丐，背上背着一卷稿荐（“稿荐”是苏州方言，就是用稻草编制的草垫），忽然中暑，倒在了店门口。救人要紧，夫妇俩手忙脚乱地把乞丐扶进屋里躺下，给他喝了碗凉茶。

老乞丐苏醒过来后非常感激，说：“谢谢两位好心人，善人终有善报。”说完起身要走。夫妻俩见老人还摇摇晃晃，让他再休息一会儿，并盛来绿豆粥端给老人喝。老人喝完粥，精神好了很多，又执意要走，夫妻俩见挽留不住，就帮他收拾好竹棍、破碗和稿荐。老人见到稿荐，转过身来对陆氏夫妇说：“店里的肉，时间长了会坏，不如把鲜肉烧成熟肉卖，可能销路会很好。这个破稿荐，留给你们烧肉吧。”

夫妻俩知道，老人身上别无长物，稿荐是晚上睡觉要用的。如果拿了他的稿荐，老人如何过夜？于是坚决推辞不要。老人说：“你们不要嫌弃，一定要用它烧肉。”说完，丢下稿荐，转身就不见了。夫妻俩见此情景，只好把稿荐放在店堂角落里，以后再说。

老人走了，挂在店堂里的肉又让他们愁容满面。想来想去，觉得还是老人建议好，干脆把鲜肉都烧熟了卖。夫妻俩把肉放入铁锅里，点燃柴草就烧起来。可不知何故，烧了很长时间，肉还没烂，而屋里的柴已经烧完了。

妻子走入店堂内，将老人的破稿荐抱来，准备续几把火以解急。丈夫忙过来阻拦：“人家的东西，你怎么能烧呢？”妻

宋·刘松年《罗汉图》

子说：“现在烧肉要紧。这条稿荐太破了，将来我编条新的给老人。”说完卷起稿荐塞入灶膛。谁知稿荐还没烧完，阵阵异香从锅中飘出。丈夫连忙掀开锅盖，浓烈的肉香扑鼻而来，他用筷子戳了戳，肉已酥烂。就在夫妻俩起锅装盘子时，很多人已循着肉香来到店堂里。

从此以后，陆氏夫妇专卖熟肉，生意越来越兴隆，成为闻名苏州城的大店。陆氏夫妇为了记住指点他们的恩人，把店名改为“陆稿荐”。

“陆稿荐”如今是苏州最有名的熟菜店，经营的品种也越来越多。但其代表作仍是焖制的酱汁肉。“陆稿荐”也就是酱汁肉的代名词。

杨国英夫妇很聪明，回店后，他俩根据故事情节创制了“糯米稻草鸭”。经过近二十年不断改良，“糯米稻草鸭”已誉满龙城，多次获奖。

“糯米稻草鸭”是一道秋冬的时令佳品，它选用当年母鸭、新糯米和新稻草，将鸭宰杀后从腋下开口取出内肠，洗净晾干，用酱油上色，经油炸至鸭皮呈脆，捞出冷后，从腋下灌入新糯米；新稻草去外壳，取稻草筋洗净，编成草垫铺入锅底，将鸭子一个个放入锅内，加入老卤和调料，加盖，用旺火烧开，小火慢烧慢煎数小时即成。

从“糯米稻草鸭”配伍和烹制过程来看，使我想起了两首古诗。

其一是曹植的《七步诗》：“煮豆燃豆萁，豆在釜中泣。

本是同根生，相煎何太急。”魏文帝曹丕要置兄弟曹植于死地，命令曹植七步之内成诗一首，否则以违抗君命论罪。曹植略作沉思，七步成诗。“本是同根生，相煎何太急”二句，千百年来已成为警语。

以当时的语境，曹子建巧借煮豆燃萁的物象，讽喻曹丕，这是他的机警之处。但在现实生活中，“相煎”有时更多的是相辅相成。就像杨国英夫妇创制的“糯米稻草鸭”，稻草和糯米无疑属于“同根生”，互补的结果，是鸭香、稻草香、糯米香共融共生，交相辉映，创造一款香清益远、意味深长的人间佳肴。

其二是唐朝诗人李绅的《悯农》：“锄禾日当午，汗滴禾下土。谁知盘中餐，粒粒皆辛苦。”李绅，无锡人，其父李晤历任金坛、乌程、晋陵等地县令。李绅幼年丧父，由母亲带到无锡教以经义，青年时目睹农民终日劳作而不得温饱，既同情又愤慨。《悯农》就是要大家珍惜粮食，同情农民。

“糯米稻草鸭”中糯米入馔亦菜亦饭，一举两得。杨国英夫妇创业几十年，尝遍人间艰辛。他们用“糯米稻草鸭”提醒自己和客人，要珍惜今天的美好生活，任何时候都不可忘乎所以。

“兰陵𤒹鳝”菜名的由来

2018年8月28日，天宁区举行首届“天宁好味道”美食评选活动，“兰陵𤒹鳝”等十只菜肴被评选为“天宁十大名菜”。

“兰陵𤒹鳝”原名“𤒹鳝”（著录在20世纪70年代出版的《常州菜谱》第56页，编号第六九）。1978年，我在江苏商专读书时，曾赠送一本《常州菜谱》给班主任黄勤忠老师。

80年代，我在常州厨师培训中心任副主任，从事厨师烹饪培训和烹饪理论研究工作，有机会经常与省内省外同行交流、切磋烹饪技艺。在交流中我发现，好多城市的名菜不但有美好的故事传说，而且，多以城市来命名菜肴，如：梁溪脆鳝、扬州蛋炒饭、北京烤鸭、西湖醋鱼、龙井虾仁、淮安汤包、常熟叫化鸡等等。但常州当时却没有一个以地方名字来命名菜肴，未免有点遗憾。

鳝鱼也叫黄鳝、长鱼。在江苏省内每个城市均有特色菜肴：苏州的酥鳝、无锡的梁溪脆鳝、扬州的炒软兜，更有两淮的长鱼席（全用鳝鱼做的整桌宴席）、常州的煒鳝。常州煒鳝的烹调方法与众不同，这个“煒”字作为烹调方法也是常州独有。所谓“煒”就是将主料鳝鱼片先放入油锅，炸至发脆捞出，然后将配料大蒜子放入油锅，炸至金黄色捞出。再另起锅，将主料与配料一起放入锅内，加调料旺火烧开，移至小火慢慢煒制收汁。所以，煒鳝也称蒜子煒鳝。

根据这种特殊的烹调方法，我在教学培训中就将煒鳝改为“兰陵煒鳝”，这一称呼很快得到大家认可并沿用至今。周文荣大师当年参加亚洲十大名厨比赛，做的就是“兰陵煒鳝”这道常州名菜。

“兰陵煒鳝”制作比较费工费时，不宜大批烹制。现在为了能上大批筵席，在制作过程中有所改进，即：煒鳝煒制收汁时进行装碗排列，上笼再蒸然后扣盘勾芡浇汁。

我至今还记得刚到兴隆园菜馆工作时，第一次品尝到“兰陵煒鳝”的情景。有一次客人来兴隆园预订 5 桌喜酒，点了煒鳝，厨房在预制了 5 碗“兰陵煒鳝”，结果客人只来了 4 桌，多余的一碗“兰陵煒鳝”，配菜师傅马祥甫放进了冰箱。马师傅一米七八个头，讲话细声细气，脾气温润，从不发火，工作认真负责，曾两次出国到大使馆工作。一碗“兰陵煒鳝”在冰箱一藏就是几个星期。

一天夜市结束搞卫生，马师傅把那碗煒鳝从冰箱里拿了，此时厨房里只有我、马师傅和另一位厨师江国兴三人。江国兴嘻皮笑脸地对马师傅说：“那碗兰陵煒鳝给我当夜饭菜吧。”

马师傅瞟了江国兴一眼，江国兴做了一个鬼脸。马师傅说：“你一个人好意思吃？与小陆一人一半吧。”江国兴立刻起锅将“兰陵煒鳝”加热，我盛了两大碗饭，江国兴把热好的“兰陵煒鳝”盛浇在饭上，俨然两碗“兰陵煒鳝”盖浇饭，我俩一口气将饭菜全部“扫光”。就这样，我第一次尝到了煒鳝的滋味。

我姐姐有一个余姓同学在常州第二人民医院做护士，结婚生子已多年，但与婆婆不相往来。36岁生日那天，她想借机请婆婆吃饭，改善婆媳关系，于是就请我在她家里置办了一桌酒席。

开席后，因一家人第一次团聚，气氛有点紧张。但“兰陵煒鳝”上桌后，气氛马上不同了。婆婆品尝后一个劲地说：“好吃！好吃！第一次吃到这么好吃的菜。”我从厨房出来，趁势对老人家说：“阿姨好，这是你儿媳特地为您点制的菜。她说您年纪大了，牙齿不好，要吃酥烂一点的菜肴，所以我给您做了这道常州名菜。这可是儿媳对您的一片孝心啊！”

婆媳俩听后都很感动，婆婆不断地说：“谢谢媳妇！谢谢媳妇！”儿媳说：“应该的！应该的！”事后余护士对我说：“你菜烧得好，故事也编得好，我婆婆开心死了，要好好谢谢你。”从此婆媳关系、家庭关系其乐融融。

鳝鱼不仅能制作出各种人间美味，它还有催人泪下的故事呢！

古代有一位名叫周豫的读书人，爱吃鳝鱼，并善用鳝鱼来煮汤，味道鲜美无比。周豫将鳝鱼放入锅中，倒入冷水，慢慢加温，这样煮的鳝鱼肉不会紧绷，汤很鲜浓。

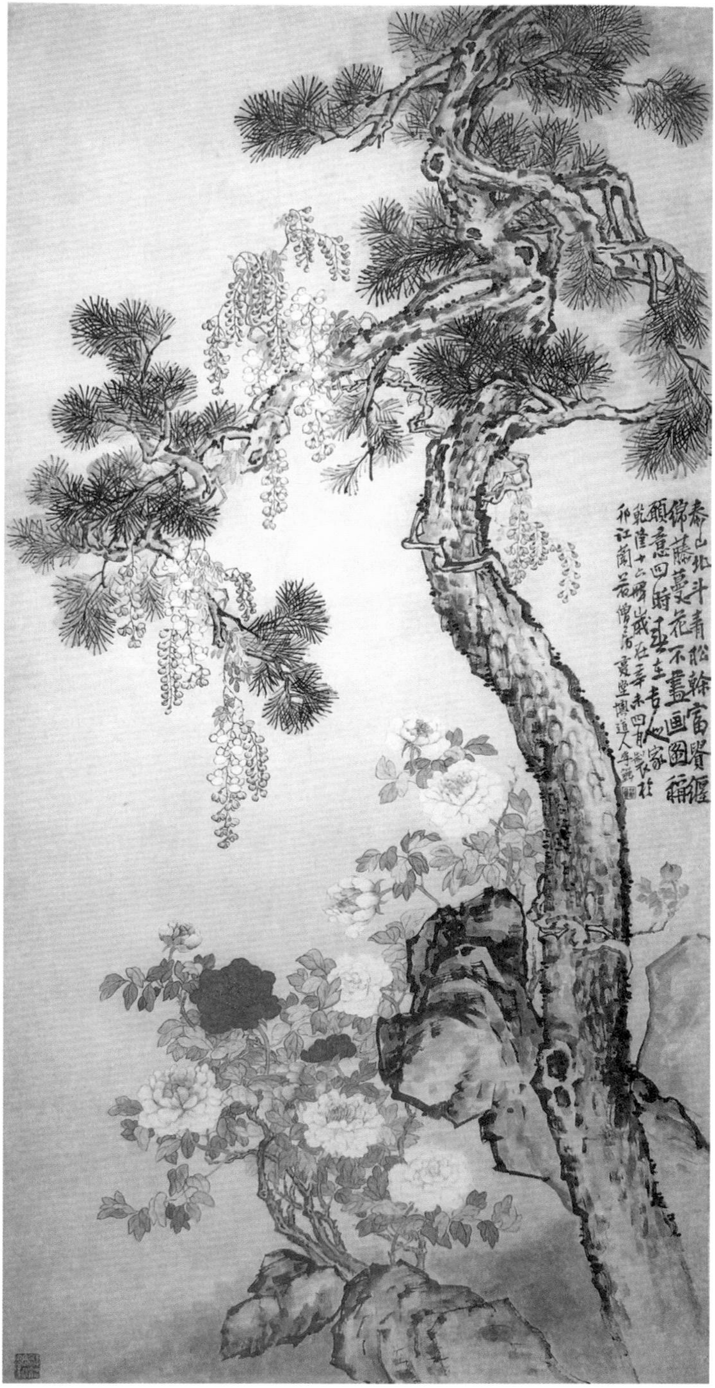

清 · 李鱓《松石紫藤图轴》

有一次，周豫在煮汤时发现一个奇怪的现象，锅中有一条鳝鱼的腹部竟然离开水面向上弓起，就这样一直到煮熟。周豫非常好奇，将鳝鱼从锅中捞出解剖。当剖开鳝鱼肚皮，他惊讶地发现，鳝鱼的腹中竟有数不清的鱼卵。这下他终于明白，鳝鱼不惜自己的性命，把身子弓起是为了保护这些鱼卵。

看到这一幕，周豫泪水夺眶而出，可怜天下父母心，鳝鱼护子，为人的母亲又何尝不是如此呢！周豫自感往昔过于任性，从此对母亲更是百般孝顺，成了远近闻名的大孝子。

说到黄鳝，还有一个题外话。清代“扬州八怪”中，有一个叫李鱓的画家。《说文解字》中说，这个“鱓”字，就是今天的“鳝”。有趣的是，段玉裁在注解中说，“鳝”是“鱓”的俗字。看来，这个李复堂，不但是书画大家，文化底蕴也是不简单的。

李鱓（1686—1756），号复堂，别号懊道人、墨磨人，明代状元宰相李春芳第六世孙。自幼喜爱绘画，十六岁时已经颇有名气，召为宫廷画师，曾随蒋廷锡、高其佩学画。后受石涛影响，中年画风丕变。写意花鸟画破笔泼墨，酣畅淋漓。同时吸取没骨花卉表现方法，工细严谨，色墨淡雅。秦祖永《桐荫论画》论曰：“李鱓复堂，纵横驰骋，不拘绳墨，自得天趣，颇擅胜场。”书法古朴，具颜柳筋骨。画幅上经常长题满跋，参差错落，写满画面，于质实中见空灵。

“青枫手擀面”的余香

去年秋天，我应邀参加“常州十碗面”评选。评委分成两个组，第一组负责天宁区、武进区；第二组负责新北区、钟楼区，我在第二组。

评选工作十分紧张，参加评选的几十家面店，分布零星，路程较长。每店各具特色，主要是分拌面与汤面两种。

第一天评选，印象最深的是新北区谢公阳鳝丝面：面条银丝，汤浓如乳，口感醇正，无腥异味，配以胡椒粉及香菜风味更佳。

第二天评选工作，一大早从中华老字号义隆素菜馆开始。到达店堂已是客人满座，都是老客、熟客，与我招呼不断。他们赞不绝口：面条熟而不糊、滑而不生，上蔬吊汤、胜似肉汁，配以稠汁润口，别有风韵……

上午紧锣密鼓进行至中午12点多，剩下最后一家青枫苑宾馆的“青枫手擀面”未评，评委的工作餐也就是“青枫手擀面”了。

到达青枫苑宾馆稍稍休息，喝了点茶水滋润一下冒烟的喉

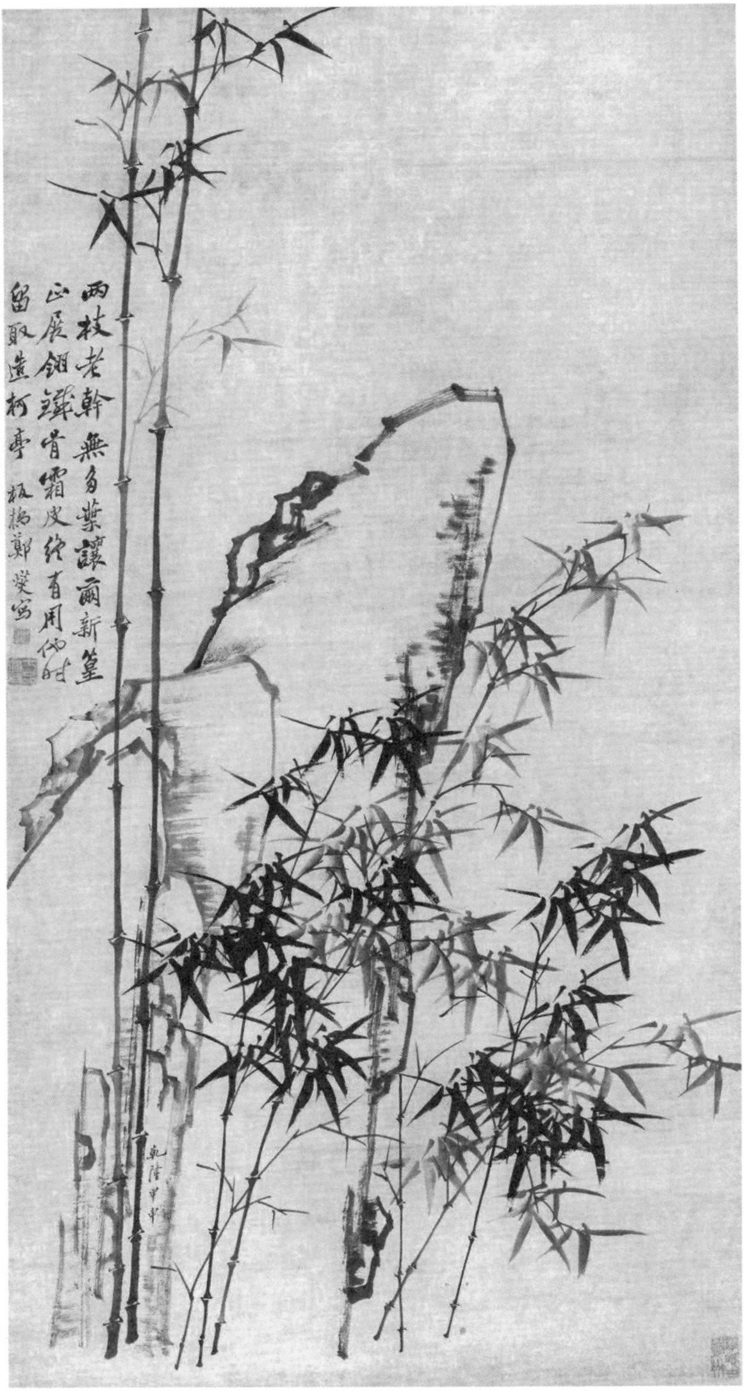

清 · 郑板桥 《竹石图》

咙。一会儿，服务员上了几道宾馆的拿手菜肴，每人一碗“青枫手擀面”。当面端到面前时，香气四溢，拌均后，感觉每碗分量不足一两，每个评委一口气全部品尝到完，滴汁不留。我当场写出“青枫手擀面”评语：面条光滑，富有韧劲，细腻滋润。配佐辣酱、色彩红亮、香味扑鼻。看似西北风格，实为江南风味。手工擀面数十次，非工匠不能为之，可谓常州一绝。

一顿工作餐数道佳肴没能记住一个菜名，一碗味美隽永的“青枫手擀面”，却令各位评委回味无穷，意犹未尽。

机会来了。今年元月 31 日，有朋友在青枫苑宾馆宴请，我特别提出，最后主食要“青枫手擀面”。

宴席开始，冷盘、热菜、大菜、点心五彩缤纷，餐具豪华，气分热烈，让人眼花缭乱，应接不暇。酒过三巡，菜过五味，最后上了每人一碗半两“青枫手擀面”，每个嘉宾一扫而光。第二次与此面相遇，我深深感到，“青枫手擀面”不仅仅是一碗普普通通、简简单单的面食。

“青枫手擀面”的第一个特点是“韧与劲”。“青枫手擀面”选用面粉是“十大名牌”之一的金像粉，金像粉属“高筋”面粉，制面工艺较为复杂讲究，从用水和面开始，要揉，机轧成坯，再用擀面杖人工擀数十次，改刀成型。为什么在现代化机器面前还要用人工手擀呢？因为机器轧面用力是“死”的（所谓均匀），容易把面团里分子轧“死”；用人工手擀面，用力有轻有重、有缓有急、左右开弓、时间较长，便于面团里的分子成活，形成韧劲的“链”，使面条光滑有“韧”、柔软有“劲”，

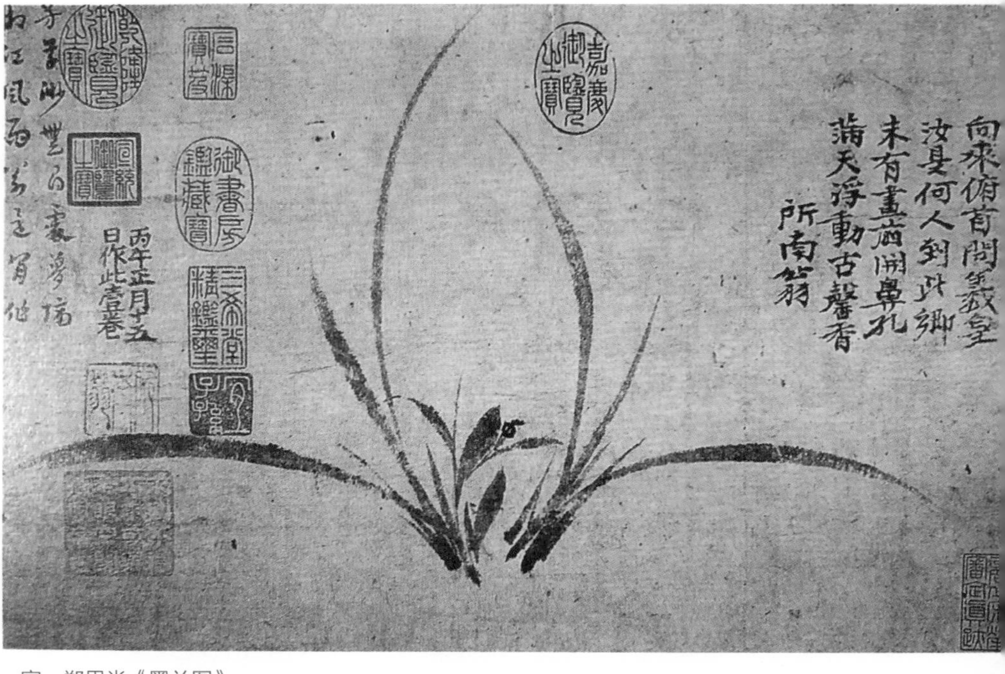

宋 · 郑思肖《墨兰图》

就像中国书画的用笔都讲究一个“力”字，诸如：力透纸背、力能扛鼎、高山坠石、绵里包针、金铁烟云……“如折钗股”要求线条具有弹性、韧性，行笔转折处圆而有力；“如屋漏痕”要求运笔含蓄，线条沉着，具有穿透力和对抗阻力。

此时吃在嘴里的面条质地感觉，恰如郑板桥的《竹石》诗：

咬定青山不放松，立根原在破岩中。
千磨万击还坚劲，任尔东西南北风。

“青枫手擀面”的第二个特点是“少与精”。一碗面多则一两，少则五钱，意在品味，不在饱餐。“少”就好像是优美的乐章要有休止符，才能使人产生余音袅袅、不绝如缕之感；“少”更像一幅墨分五色的中国山水画，浓淡相间，计白当黑。那些或精心布置，或看似无意的留白，最能引起观赏者的遐想。“少与精”互为表里，相辅相成。唯其少所以能精，唯其精所以必少。“精”就好像南宋文人画家郑思肖画兰，寥寥数笔，神形毕肖。后人总结他画兰技艺：“画兰无他妙，三笔长为要，识得其中趣，头头俱是道。”鉴赏书画与品尝菜点同是感官享受，道理是一致的。

“青枫手擀面”的第三特点是“色与味”。“色”主要是讲究佐料中辣油制作，选料特别严格，辣椒一定要选择当年产的红尖椒，而且产地十分讲究，必须选用安徽与河南相近处种植的红尖椒。此椒与四川产尖椒相比，辣性温和，不燥不烈，辣中显甘，就像“农夫山泉有点甜”的感觉。红尖椒的形状也有要求，应该挑选生长为直行的尖椒，不能选用弓形的（此形状的尖椒辣性足）。将红尖椒晒干磨成粉，放入铁锅内加入花生油，用文火慢慢熬制成辣油。此时辣油色泽红亮鲜艳，极像国画颜料中的“朱砂”，用此红油拌出的面条，宛如国画大家李可染用朱砂画出的毛泽东诗意图“看万山红遍，层林尽染……”

“味”是讲究食用青枫手擀面时，必须再加些花生末、香菜末、葱花、少许豆瓣酱等佐料，使面条色彩缤纷，香味扑鼻，观其成品，面条特宽（约一厘米）特辣，酷似西北风格，品之完全是现代版江南口味，徽辣带甘，辣上口、甜收口，咸鲜适中，浓淡相宜，齿留余香，回味无穷。

所谓匠心，关键在于用心——用心学文化，用心学做人，用心学做菜。“青枫手擀面”，就是一道匠心打磨的现代经典。

说说常州大麻糕

说到常州的小吃名点，“大麻糕”是无论如何也绕不过去的。它不但是常州人舌尖上共同的记忆，也是沪宁线上是响当当的特色产品。我每次到外地去，朋友们总是提醒我：“带点三鲜美食城的大麻糕！”

常州大麻糕一百多年来兴盛不衰，不是偶然的。

从弋桥头天禧楼的老虎灶说起

旧时常州东南西北四城门是繁华之地，各行各业都有一席之地，其中有一个行业就是“老虎灶”。“老虎灶”是专门供应热水（开水）的店，当时为了节约用煤，居民家里一般不烧开水，都是拿了热水瓶到老虎灶泡开水的。特别是冬天的初夜六点半左右，家家户户拿着热水瓶去老虎灶排队泡开水。老虎灶除了泡开水之外，还有其他功能，主要是茶馆与洗澡。

在小南门弋桥头有家茶馆店（老虎灶）叫天禧楼，依护城河而建，紧靠桥头，一面临街，一面近水，是南大街与西瀛里，青果巷与广化街的十字路口第一风水宝地。天禧楼茶馆有三层楼面，一楼与街面相平，为老虎灶，供应热水；向上走几步台阶即是二楼，为茶室；向下走几步台阶即是地下一层，为简单浴室。二楼茶室旁边设有一个麻糕桶灶，专做麻糕供给喝茶的客人。

桶灶是麻糕加工的一种专门炊具。先用杉木板材制成直径近一米的圆桶，用螺纹钢做灶底，再用一种类似“行灶”的红泥炉，去掉炉底，反扣在木桶里，用泥巴把圆周边封密，做成炉堂。这样的红泥炉在唐诗中就已出现，白居易《问刘十九》诗有“绿蚁新醅酒，红泥小火炉”。这里的红泥小火炉是用来温酒的。“行灶”就是大的红泥炉，用来做饭，是流动的灶台，活动的厨房，以前开河的民工，都是用这样的“行灶”解决吃饭问题。

用“行灶”制成的桶炉有几大好处。一是“行灶”的炉膛为外弓形，做成桶炉炉膛后成“抛物线”状，从数学的角度来讲，“抛物线”面积比平面面积大，所以贴上去的麻糕受热面最大、最均匀；二是“行灶”为红泥土制品，炉壁有气孔（俗称汗毛孔），贴上去麻糕正面受热，反面能吸收与散去水分，所以烘烤出来麻糕又酥又脆，不僵硬。现在用电烘箱、不锈钢盘烘烤出的麻糕底部总是僵硬，原因就是没有气孔，不吸收水分造成的。

明明是麻“饼”，偏要称麻“糕”

有人的地方，就有江湖。当年在小小的麻糕店里，也不时上演着类似《世说新语》中的故事。

西晋的荆州刺史石崇有钱有闲，喜欢与皇亲国戚争奇斗胜。王恺是晋武帝的舅父，家里富可敌国。王恺用糖浆洗锅，石崇就用白蜡烧饭；王恺用紫色丝布做了四十里步障，石崇就用织锦做了五十里步障；王恺捧了一件一尺高的珊瑚去石崇家炫耀，石崇先把王恺的珊瑚砸了，然后搬出几十件三尺高的珊瑚，让王恺随便选……斗富的结果，往往是石崇完胜。

茶馆店里的麻糕是现、现卖、现吃的。在早晨或下午喝茶高峰的时候，常常会有茶客高声叫喊道：“王师傅给我来一块麻糕（三个铜钱的）！”其他茶客也会高声嚷道：“给我来两块！”“王师傅给我定做一块五个铜钱的油酥麻糕！”更有甚者高喊：“王师傅给我做一块双份油酥的大麻糕，我给你八个铜钱！”……“大号麻糕”就在这样的“别苗头”中应运而生。

“麻糕”或“大麻糕”是常州地方特有的叫法，在其他区域称之为“饼”。江南一带盛产水稻，用糯米与粳米分别磨成米粉，按6:4或7:3的比例调和成米粉团，制成各式各样的点心称为“糕点”，如四季方糕、重阳糕、雪花糕、印花糕、脚踏糕等。在常州民间，老百姓家里办福寿生日宴、乔迁宴都要用方糕、团子、粽子、馒头来表示吉祥如意。常州方言“糕”与“高”同音，所以常州人特别喜欢“糕”字：糕团（家庭团圆）、糕粽（高中状元）、糕馒（高朋满园）。

“饼”与“糕”的区别有多种多样，专业的解释是：“饼”为面粉制品；“糕”为米粉制品。

“大麻糕”为面粉制品。面粉制品分为三大类：发酵面团、水调面团、油酥面团。发酵面团的品种有大肉包子、萝卜丝包子，南瓜馒头、生煎牛肉包等；水调面团的品种有锅贴、蒸饺、鸡冠饺等；油酥面团的品种有眉目酥、盒子酥、苏式月饼等。

常州的“麻糕”分为两种。一种是用发酵面团中的半发酵面团制作的“小麻糕”，常州民间旧时俗称的“三分头麻糕”，就是三分钱一块的“老麻糕”，又叫“鞋皮头麻糕”，“小麻糕”配“豆腐汤”是常州市民早餐的标配，风味绝佳。另一种就是用油酥制成的“大麻糕”，“大麻糕”配一杯上好的绿茶（红茶），是常州老市民打发时间的最佳选择。

“大麻糕”看似平常，其实讲究不少

“大麻糕”属油酥面团制品，油酥面团的调制，要经过酥皮（水油面皮）、酥心（干油酥）、包酥和制坯皮等多个环节，任何一个环节出问题，都会影响整个油酥面团的质量。

先说水油面的调制。水油面团的调制，与一般面团的调制方法相同，即将油、水掺入面粉内，进行抄拌，再搓揉成团。为了使调制的水油面团达到既有水调面的筋性和韧性，又有干油面的润滑柔顺和起酥性，必须注意这些方面：

宋·张择端《清明上河图》（局部）

1. 投料比例准确，一般为每斤面粉掺油2两左右，水3至4两左右（根据不同品种灵活调整），不能过多或过少，特别是油量更要准确。油量过多，酥性过大，影响与干油酥的结合和分层，起不到酥皮的作用；油量过少，筋性大而酥性不足，制成品后，吃口僵硬、坚实、不松。

2. 水温适当，以30℃～40℃之间为宜，并随着气候冷暖作适当调整，热天水温低一些，冷天水温高一些。

3. 以油、水同时掺入面粉内为好，先加油后加水或先加水后加油，都难以拌和均匀。但有的地区也有采用先加油后加水的调制方法。

4. 要反复揉匀、搓透，至面团光滑有韧性为止。否则，制成的成品容易产生裂缝、馅心外流。揉好以后，盖上湿布，以防止开裂、结皮。

以上四点，以投料比例准确最为重要，行家在调制时，除严格称分量外，还要进行检验。具体做法是：揉好面团后，用手指插入并立即抽出，如面不粘手指并有油光，即证明比例合适。

其次是干油酥的调制。由于油脂与面粉的结合和水的情况不同，所以和面的法与一般面团调制不同，业内称之为“擦酥”。即先把油与面粉拌和后，放在案板上，滚成团，用双手的掌跟，一层一层向前推，边推边擦，推成一堆后，再滚成团，继续推擦，直至擦透。调制干油酥，要求严格，一般也要注意以下几个问题：

第一，投料比例，一般为1斤面粉半斤油，但各地投料标准不同，有的超过了 1 斤。

第二，大多数用动物油（熬过的熟猪油），也有的用植物油，一般地说，猪油润滑面大，起酥性好，而且味香色白，用它调制，质量比植物油好。但无论用何种油，必须是凉油。否则，成品容易脱壳、炸边。

第三，一般是用生粉，也有的地区用熟粉，因为面粉熟制后，蛋白质已变性，不会再形成面筋网络，起酥效果好，但有的认为，酥性过足，成品容易散碎。可根据品种的需要而定。如用熟粉，以蒸熟的为好，炒熟的色泽较差。

第四，要反复推擦，这是调制干油酥的关键，必须擦顺、擦透，擦出干油酥的可塑性。干油酥调制，能否达到标准，全在于厨师的“擦酥”技术。一般来说，一块 10 斤左右的干油酥面，至少反复推擦半个小时左右。

大包酥与小包酥，明酥与暗酥

最后说说包酥的方法。行业内又称为起酥、开酥、破酥，是调制油酥面团的一个关键。所谓包酥，即将调制好的干油酥包入水油面中，包好擀匀，作为酥点的坯皮和剂子。包酥起酥的好与差，对成品质量影响很大。在具体作法上，各地手法也不相同，大体分为大包酥和小包酥两种方法：

所谓大包酥，一次包制的面团数量较多，可作几十个剂坯，因此又称为大酥。具体做法是：

第一步，把水油面揉光，搓成长条，擀成长方片形，厚薄均匀，一般厚度为2分左右。干油酥也搓成长条（长短和水油面同），放在水油面的中间，用手按开按匀，其面积占水油面的三分之一，从前面叠下一层，从后面叠上一层，变成三层。这样，干油酥就包入水油面内。

第二步，把包好油酥面，再擀成长方片，厚度在2至4分左右，从左面向右叠一层，从右向左再叠层，又变成了三层。

第三步，继续擀成长方片，然后卷成圆筒形，卷时要紧要匀，筒形粗细一致。

第四步，根据成品定量的标准，切成剂子。大包酥的特点，一次做的量大，效率高，速度快，适用一般油酥品的大批生产，但擀制比较困难，酥层不易起匀，质量较差。

所谓小包酥，一次制作数量较少，几个一做或一个一做，所以，又叫小酥。小酥的具体制法，基本与大酥同，先将干油酥包入水油面内，封口，擀薄，叠成三层或由外向里卷拢，再擀，再叠或再卷，最后擀成需用的小坯剂。小包酥的特点，酥层多而均匀，皮面光滑，不易破裂，又比较容易擀制，但速度慢，效率低。

油酥制品在制作过程中，根据品种的要求不同又分明酥与暗酥两种。明酥制品主要特点是要求层次显露在外面，讲究层纹均匀、清晰、美观，不能“混酥”（即层次混乱），更不能破碎；暗酥与明酥相反，酥层在里面，成品食用时才能看到一层一层的酥层。常州“大麻糕”属于小包酥中的暗酥品种。

油酥面点的特点是体形完整，质地香酥，富有层次，层层分明，细薄如纸。“大麻糕”暗酥层层，一层一层加起来就“高”，所以，常州人把“麻饼”说成“糕”，也在情理之中。

如果说，每一座城市都有一种或几种味道，大麻糕一定是常州城最醇厚的味道，香酥可口，充满幸福。一百多年的时间里，它温暖而厚实的味道，慰藉了无数的常州人。“常州大麻糕”经过几代厨师的传承、改进，在原有咸甜两种品种的基础上，衍生了“松仁大麻糕”“五仁大麻糕”“椒盐大麻糕”等诸多新品。未来的日子里，“常州大麻糕”将继续以它平淡的姿态，温暖着寻常百姓、海外游子，也给日趋现代化的都市，留下一份淡淡的印记。

唐诗新韵“人面桃花”

技艺精湛的厨师，能把一种普通的原料，做出许多名菜来——他们除了靠“色、香、味、形”吸引顾客，还会以声响来吸引顾客，比如川菜中的“锅巴海参”就是。一份最普通的“锅巴”，在各地厨师手中演绎出了各种不同风味和故事。

“天下第一菜”

1979 年春末夏初，我在扬州读书，小阿哥搭乘送货汽车来扬州看望我。当时的扬州，交通十分不便，没有跨江大桥，汽车要靠轮船摆渡才能过江，家里人来看我，我十分激动。当天下午，我带着小阿哥逛了扬州城。国庆路是扬州最繁华的街道，路边有一家“乐今园”小吃店，专门做锅巴小吃，名气很大。我点两份“口蘑锅巴”与小阿哥一起品尝，小阿哥第一次吃到这样的小吃，说：“从来不知道锅巴能做出这样好吃的点心。”我告诉他：“锅巴能做好多品种，而且还有一个很牛的菜名，叫天下第一菜。”

相传明朝正德年间，宰相顾鼎臣私访昆山小林庄，适值腹中饥饿，秀才林子文之妻陆氏大娘，做了炒菠菜、豆瓣烧豆腐两样饭菜。吃时无汤，陆氏便将剩余锅巴放入油锅炸一下，冲了一碗鲜汤端上桌。

吃惯山珍海味的宰相，难得尝到乡野村味。他好奇地问这是什么菜？陆氏随口回答说：“这叫红嘴绿鹦鹉（菠菜），那叫金镶白玉嵌（豆瓣豆腐），至于这汤么，你是天下第一个品尝的，就叫它天下第一菜吧。”这顿饭菜给宰相留下深刻印象，特别是锅巴汤。从此，“天下第一菜”成为宴席上常用的一道名菜。

七八十年代的厨师在制作“天下第一菜”时，特别喜欢选用上海梅林罐头食品公司生产的番茄沙司，此番茄沙司色彩好、口味正。“天下第一菜”的选料与操作是：

原料：虾仁二两，熟鸡丝一两，鸡蛋清半只，精盐五分，味精一分，绵白糖五钱，玫瑰醋二钱，番茄沙司二两五钱，薄锅巴二两，湿淀粉五钱，干淀粉少许，麻油二钱，花生油一斤二两（耗用三两），鸡清汤一斤。

制法：将虾仁洗净漂清。沥去水。放入碗中加精盐一分，鸡蛋清半只搅和，再加干淀粉少许拌匀。

旺火热锅舀入花生油至四成热，放入虾仁，拨散呈乳白色倒入漏勺。原锅加入番茄沙司、虾仁、熟鸡丝、玫瑰醋、绵白糖、鸡清汤烧沸，用湿淀粉勾成米汤芡，淋上麻油加味精倒入碗中待用。

另置旺火热锅舀入花生油至八成热，将锅巴炸至金黄松脆时出锅装碗。

上桌要迅速，把待用的汤倒入锅巴的碗中即成。

特色：色泽红艳，甜酸咸鲜，鸡虾滑嫩，锅巴脆香。

此菜上桌一定要配合及时，才能发出“嚓嚓之声”。锅巴要拣薄薄的，并要晒干，方能松脆。

常静名菜“桃花泛”

五六十年代的北京有一个久负盛名的餐馆——康乐餐馆，每天顾客盈门，宾朋云集，为的是来尝一尝该店名厨常静的拿手好菜“桃花泛”。

“桃花泛”是常静创新的八大名菜之一，它的主料与制作过程类似于“天下第一菜”，只是更换配料，用多种水果代替鸡丝，口味注重酸、甜、咸。此菜特别适合在春意盎然的季节品尝，上桌时响声与热气犹似桃花盛开，富有意境。

名满京城的常静，有着一段不寻常的经历。她 12 岁开始在饭馆学徒，各种杂活都干，但她最向往的是上灶炒一两个菜。在当时的环境下，一个女孩子是不可能在饭店里拜师学艺的。既然拜师无门，常静就偷偷看、偷偷学。下班以后，自己买了原料、调料，在家里一遍又一遍地练习做菜。功夫不负有心人，几年以后，常静的手艺大进。

1950 年，常静与人合伙经营康乐餐馆，主要由她掌勺。当

宋·佚名《桃花鸂鶒图》

时，康乐餐馆门面很小，只有三张桌子，可她创制的八大名菜“桃花泛”“炸瓜枣”“汽锅鸡”“仙菇肉饼”“红糟肉方”“麻酱腰花”“翡翠羹”“鸡汤淡菇”深受欢迎，中外顾客慕名而至。康乐餐馆也因此成为闻名遐迩的“三桌饭店”。之后，康乐餐馆四次迁址，顾客仍然循迹而来。不仅如此，康乐餐馆的特色经营还吊起了外宾的胃口，英国《泰晤士报》和香港《大公报》专门介绍和赞扬“三桌饭店”的名菜。

到80年代初，康乐餐馆已发展到职工100余人，餐桌30余张，成为承办各种宴会的高级餐馆了。1984年常静参加了全国首届烹饪名师技艺鉴定会，制作的“桃花泛”等名菜大受好评，并获得十大最佳厨师奖（第三名），受到乌兰夫、田纪云、康克清等党和国家领导人高规格的接见并合影。

常静是我心中的偶像。我刚到兴隆园菜馆参加工作的时候，对未来充满着希望，梦想有朝一日能像她一样：身怀烹饪绝技，拥有一家类康乐餐馆那样的饭店，来磨炼自己的心志，施展个人的才华。

唐诗新韵“人面桃花”

近年来，各地的烹饪大师们时兴做“文化菜”。据介绍，所谓的“文化菜”，就是厨师拿着高档照相机满世界拍美景，回来后根据照片创制菜肴。

其实，在中国灿烂的文化中，先人们早就把名山大川、风土人情、风花雪月镕铸在唐诗宋词的华章之中。

——当我们仰望雄壮的庐山瀑布，会禁不住想起李白的诗句：“飞流直下三千尺，疑似银河落九天。”

——当我们沉醉在杭州的湖光山色，会脱口吟诵苏轼的名句：“欲把西湖比西子，淡妆浓抹总相宜。”

——当我们欣赏着田野风光，十里春风，会不由自主地展喉高唱：“桃花红、李花白、菜花黄……”

2016年三鲜美食城九洲店开张之际，曾根据唐朝诗人崔护的《题都城南庄》，将传统的“锅巴菜”演绎成一道诗意菜：“人面桃花”。

据唐朝《本事诗》记载，出身于高门大族博陵崔氏的英俊小生崔护，进京赶考名落孙山。崔护号称青年才俊，面对这样的结局当然难以接受。未曾衣锦，岂敢还乡。崔护干脆在长安城住了下来，准备明年再考。

独居异乡难免寂寞。有一天，崔护来到都城南门外踏青。不远处有一所庄园，园内花木葱茏，悄无声息。崔护好奇，上前敲门。里面有人问话，崔护说自己想讨口水喝。过了一会儿，出来一位娇艳妩媚的年轻姑娘，请崔公子堂上饮茶。崔护本是风流才子，加上孤寂已久，猛然见到人面桃花，怦然心动，“姑娘好像在哪里见过。”但姑娘只是低头微笑，并不回答。院子里缤纷的桃花，映衬着笑意盈盈水葱一般的人儿，崔护不免心猿意马。一边慢慢地喝水，一边拼命地讨好姑娘。起身告辞时，姑娘含情脉脉，崔护顾盼不已，最后怅然而归。

一时的艳遇，崔公子很快淡忘。第二年的春天，桃花又开了，崔护忽然就想起往事，思念之情，犹如春草疯长。于是直奔城南，再去寻访佳人。“又是一年春好处，绝胜烟柳满皇都”，庄园里依然是花木青青，春光如醉。但是这次大门紧锁，佳人也不见踪影。崔护久等无人，只能转身回城。离去之前，在门上写了一首诗《题都城南庄》。诗云：

去年今日此门中，人面桃花相映红。

人面不知何处去，桃花依旧笑春风。

过了几天，仍不死心的小崔又来寻访佳人。有老者出来应门，听说他就是崔护，老人说，你杀了我女儿啊！崔护吓了一跳。老人告诉他，自己的女儿知书达礼，待字闺中。但去年春天开始，恍恍惚惚，若有所失。前几天出门回来，看到写在门上的诗，之后就病倒了，才几天就……老人没说完，失声痛哭。崔护听了十分内疚，走进屋去放声大哭。奇怪的是，姑娘听到心上人的哭声之后，竟然慢慢地睁开了眼睛……

这是个有情人终成眷属的故事，尽管有非常多的传奇色彩，但它寄托着美好的愿望。也因此，当“人面桃花”在三鲜美食城演绎成一道美味佳肴时，客人们无不欢欣鼓舞。酒过三巡，当金黄色的油炸锅巴和滚烫的番茄水果汁相遇时，餐桌上发出阵噼里啪啦的声音，吱吱作响，热汁顺着锅巴四溢，宛如盛开的桃花，芬香扑鼻。缥缈的香气，优雅的客人，恍若梦境，“人面桃花相映红”的诗句，不知不觉就浮现出来。于是，大家重整杯盘，再起高潮。一时间，哪是菜肴，哪是诗句，已然分不清楚。

“天下第一菜”的故事，或许不止这些，“人面桃花”的诗意，还在继续。中国文化，不仅门类繁多，而且相互交融，交相辉映。“诗中有画，画中有诗”是这样，诗意菜肴也是这样。文化的自信，从来都是具体而微的，它流淌在历史的长河中，也抒写在日日如常的人间烟火中。

“二花脸”与唱脸谱

中国有句俗话：“人要脸面树要皮”，说的就是人活着要有个好名声，要珍惜声誉。其实，非但人要爱惜羽毛，一头好猪如果有个叫得响的名字，境遇或许大不一样。比如，焦溪有一种猪叫“二花脸”，名字听上去很文艺。

“天宁十大名菜”中就有一道菜，叫做“二花脸扣肉”。

“扣肉”一菜全国各地均有，“扣”字在烹饪理论中是一种做菜的技法，就是将某种烹饪原料经过初加工、初步成熟、改刀成形再排列碗内，加原汁上笼蒸制成品。这样的菜看一般质地酥软、造型美观、原汁原味，如常州传统名菜“茨菇扣鸡”“茨菇扣鸭”，扬州名菜“扣三丝”，湖南名菜“蜜汁扣湘莲”。

“二花脸扣肉”关键取材于二花脸猪肉。二花脸猪是有大花脸公猪与米猪母猪杂交后，产生了小花脸猪，小花脸母猪再用大花脸公猪回交后，所获得的后代便是“二花脸猪”。大花脸猪和米猪在明万历年间就已出现，二花脸猪是近代的产物，

熊松泉《致富》

盛产于常州焦溪、郑陆和江阴申港一带。此猪肉质优异，瘦肉率高，特别是五花肉层次分明，肥瘦均匀，是做扣肉的绝佳原料。

二花脸猪因脸部皱褶较多而得名。它的脸部皱纹使我想起京剧脸谱与京歌《唱脸谱》：

外国人把那京戏叫做 bei-jing o-pe-ra，没见过那五色的油彩愣往脸上画，“四击头”一亮相美极了妙极了简直 OK 顶呱呱，蓝脸的窦尔敦盗御马，红脸的关公战长沙，黄脸的典韦，白脸的曹操，黑脸的张飞叫喳喳；外国人把那京戏叫做 bei-jing o-pe-ra，没见过那五色的油彩愣往脸上画，“四击头”一亮相美极了妙极了简直 OK 顶呱呱，紫色的天王托宝塔，绿色的魔鬼斗夜叉，金色的猴王，银色的妖怪，灰色的精灵笑哈哈；外国人把那京戏叫做 bei-jing o-pe-ra，没见过那五色的油彩愣往脸上画，“四击头”一亮相美极了妙极了简直 OK 顶呱呱，一幅幅鲜明的鸳鸯瓦，一群群生动的活菩萨，一笔笔勾描一点点夸大，一张张脸谱美佳佳。

脸谱，是中国传统戏曲演员脸上的绘画，用于舞台演出时的化妆造型艺术。不同行当的脸谱，情况不一。“生”“旦”面部妆容简单，略施脂粉，叫“俊扮”“素面”“洁面”。而“净行”与“丑行”面部绘画比较复杂，特别是净，都是重施油彩的，图案复杂，因此称“花脸”。戏曲中的脸谱，主要指净的面部绘画。而“丑”，因其扮演戏剧角色，故在鼻梁上抹一小块白粉，俗称小花脸。

“二花脸扣肉”在常州也可称“香糟扣肉”，制法大体有两种。选料和初步加工与焯水基本一致，然后成熟与上色有所区别，市区餐饮行业或家庭制作，是将焯过水的大方块五花肉，放在有笼垫铺垫的大锅内，加热同时加黄酒酱油等调料至成熟，捞出凉后改刀扣入碗内，加原汁与酒糟上笼蒸制；农村的饭店或家庭的做法是将出过水的五花肉放入大锅内“白烧”至熟，捞出凉后改刀扣入碗内，再加调理过的酱油（或肉汁）上笼蒸制。“二花脸扣肉”经反复蒸制风味更佳，是一只地地道道的传统名菜。

聊聊“凤尾水晶虾仁”

“凤尾水晶虾仁”是“天宁十大名菜”之一。聊这道名菜先从菜名说起——“凤尾水晶虾仁”菜名有点拗口、复杂，值得一聊。

“凤尾水晶虾仁”菜名其实是由三种菜肴名称组合而成：

其一，南京名菜“凤尾虾”（见《南京菜谱》59页）。在初加工挤虾仁时将虾去头壳，留尾壳，放清水内，用竹筷三根将水打旋转，洗掉红筋，见虾肉洁白时，取出滤水，后上浆，起油锅烹制成熟。特点是尾壳鲜红、形似凤尾、虾肉洁白、其味鲜嫩。

其二，在20世纪80年代末90年代初，常州流行过一款叫“水晶虾仁”的菜肴，此菜采用冰冻小龙虾虾仁，通过使用苏打粉或碱水涨发后，冲洗干净，滤尽水分，上浆烹制。成品虾仁呈透明状，故称水晶虾仁。

其三，全国都有的“滑炒虾仁”或“清炒白玉”，就是加工挤虾仁时，将虾的头壳尾壳全部去掉，成净虾仁，洗尽、滤水、上浆、烹制、成熟。

那么“凤尾水晶虾仁”为什么要这样取名呢？要回答这个问题还是有点难度的。厨师做菜、起菜名与文人写文章、吟诗道理是相通的，也是分类型和流派的。如唐诗中就分山水田园诗、边塞诗、咏史诗等。

山水田园诗主要以山水风光和闲适生活为题材，充满诗情画意和生活情趣。如白居易的《问刘十九》：

绿蚁新醅酒，红泥小火炉。

晚来天欲雪，能饮一杯无？

这首诗真是好。好在哪儿呢？先看颜色吧。“绿蚁新醅酒”，酒是绿的。“红泥小火炉”，温酒的红泥炉子和火苗都是红的。“晚来天欲雪”，雪虽然还没有下起来，但是你能想象，雪是白的。绿、红、白，就没有其他颜色了吗？还有，这首诗写的是“晚来天欲雪”，既然是“晚来”，天不就是黑的吗？短短的四句诗，二十个字，就包含了四种颜色。在这四种颜色里，黑和白都是冬天的颜色，是肃杀的、萧瑟的。绿和红，则是生命的颜色，是希望的亮色。这样一搭配，你就能感觉到寒冷中的温暖，仿佛冬天里的春天一样。看到这些色彩，我们的眼睛都会亮了，我们的心都要张开了。古人此时有酒是否有菜？我想，面前可能就有一盘“凤尾水晶虾仁”。

写诗讲究眼前景眼前色，做菜也是这样。“凤尾水晶虾仁”就地取材，包含红色、绿色、白色，佐料是黑色，餐具是青色，

宋·佚名《雪山行骑图》

这么多颜色汇集在一盘菜里，宛如一首唐诗。

在这里重点聊一下此菜使用的餐具。清代才子袁枚在《随园食单》中说：美食不如美器。“凤尾水晶虾仁”成品用现代仿宋“汝窑天青釉盘”装盛，此盘色彩天青，釉色浓淡适中，釉质滋润如玉，器形美观大方，超然脱俗文雅。宋代汝窑位于今河南省宝丰县，以烧造天青色釉瓷器闻名于世，所谓“雨过天青云破处”。汝窑瓷器追求清隽典雅的审美趣味，历代收藏家和鉴赏家无不珍如拱璧。“凤尾水晶虾仁”配用此盘可谓一首斑斓的唐诗，衬托了一阕婉约的宋词。

随着社会的发展，现代餐饮行业分工越来越细，许多烹饪原料都是半制成品进店，包括虾仁都是上好浆的半制成品。过去一直到90年代中期，传统饭店都是自己加工挤虾仁的，而且都是自己的员工特别是服务员下班后加工挤虾仁，当时的饭店员工手中都有“二把刷子”，人人都是“多面手”，都是“一专多能”，能杀鸡杀鸭、能整猪分档出骨、能整鸡、整鸭、整鱼脱骨，挤虾仁是雕虫小技。目前餐饮行业无“虾”可挤、无人会挤。不知该喜耶？忧耶？

一道普通的“虾仁”菜肴，能坚守几十年的传统做法，让老百姓能品尝到真正传统风味，并成为天宁十大名菜——“凤尾水晶虾仁”，留住了传统，也留下了乡愁。

“特色红煨肉”的特色

有着近十四亿人口的泱泱大国，吃饭问题是天下头等大事。改革开放四十年来，中国不仅解决了老百姓的吃饱问题，而且吃得很好，吃得很讲究。正因为爱吃，吃得讲究，所以人人喜欢学做菜，个个都有拿手菜。

要问每个中国人“你会做什么菜？”回答肯定是千姿百态、稀奇古怪，什么菜肴都会有。但比较集中的可能是：西红柿炒鸡蛋、红煨肉、蛋炒饭等等。如果再问平时吃的最多荤菜是什么？回答更肯定了：红煨肉。

一个家家户户会做，大大小小常吃的“红煨肉”，如何就成了“天宁十大名菜”呢？

说这个问题，是因为想起1977年我参加高考时的情景。当年高考语文中有道文言文翻译题。题目是：

客有为齐王画者，齐王问曰：“画孰最难者？”曰：“犬马最难。”“孰最易者？”曰：“鬼魅最易。夫犬马，

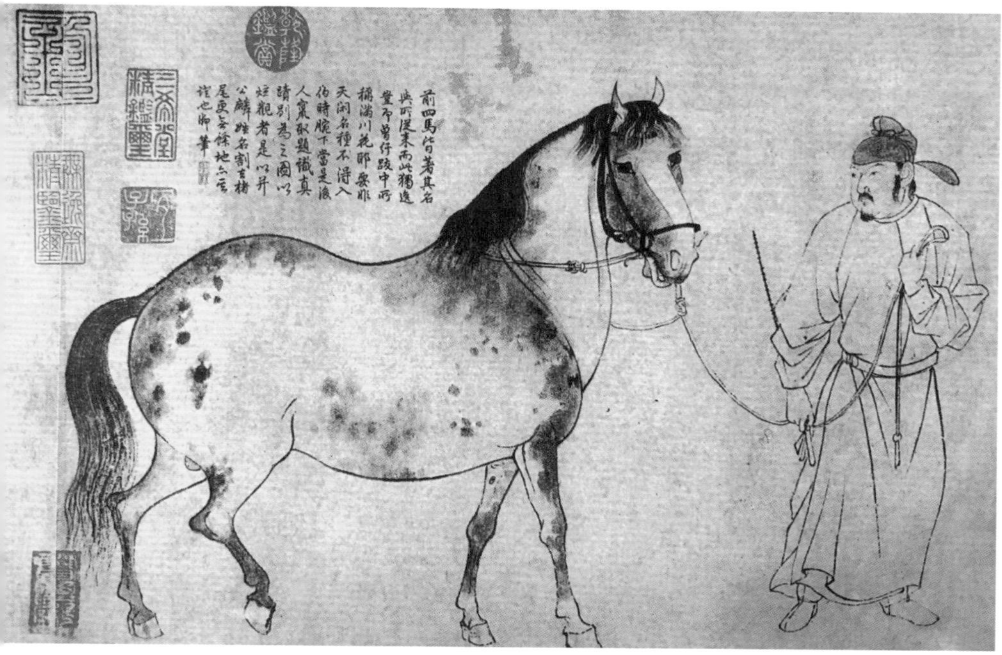

宋 · 李公麟《五马图》（局部）

人所知也，旦暮罄于前，不可类之，故难。鬼魅，无形者，不罄于前，故易之也。”

译文：有位门客来给齐王作画，齐王问他：“画什么东西最难呢？”

门客回答说：“画狗、画马最难了。”齐王又问：“那么，画什么最容易呢？”门客答道：“画妖魔鬼怪最容易，因为狗马人人皆知，早晚随时可见，画得稍不像，就能指摘出来，所以最难画。至于妖魔鬼怪，根本不存在，谁也没有见过，可以随心所欲，所以最容易画。”

红煨肉犹如“犬马”，人人见之，家家会之，个个食之，能成为“十大名菜”实属不易，因为大家除了“围观”，还都会“评之”。

“特色红煨肉”在于“特色”二字。“煨”是江南一带的口语，也是常州人通常的一种烹调方法，烹调时要用宜兴砂锅煨制，在烹饪理论中与“烧”相似。“烧”就是先将原料放入锅内加热，再投入调料、水或汤，用旺火烧开，再移小火烧至酥烂入味的一种方法。烧可分红烧、白烧，所以红煨肉也可称“红烧肉”。

红煨肉是一道火功菜，烹制时间较长，以往饭店一般不擅长做此菜，因时间较长，客人点了才做。往往客人饭已吃完，红煨肉还没烧好，经常退单。如果红煨肉提前预制，过了几天才有客人来点，口感、色泽、成形都达不到要求。为了解决此问题，现在常采用高压锅现做，客人点单后 30 分钟左右，一道精美的红煨肉就可以送上餐桌，此时的红煨肉色泽红润，香味扑鼻，令人食欲大振。因此，红煨肉的“特色”就在于“现烧”。

这种用高压锅现烧菜肴的办法，是我于1986年参加国家商业部宫廷菜培训班时，从沈阳御膳酒楼学习后带回来的。

在品鉴“特色红煨肉”时，还不得不提一下人人皆知的“东坡肉”。古代大诗人中，苏东坡的“馋嘴”是闻名遐迩的。他不仅撰写过《老饕赋》《菜羹赋》等诗文，而且亲手烧肉，深得个中三昧，总结出“慢著火，少著水，火候足时它自美”的十三字经。在广为知晓的“东坡肉”制作基础上，“特色红煨肉”超越“东坡肉”成为“十大名菜”实在是难上加难。

“特色红煨肉”取材简单、调料普通、烹制方便、配伍单一(不用配料)，是一道极其简单而经典的名菜，有点像李白的《静夜思》：“床前明月光，疑是地上霜。举头望明月，低头思故乡。”我想只要是中国人，都能背诵此诗。李白极精炼地用五言四句二十个字，写下千古传颂的经典。

你看苏东坡十三字“东坡肉”，李白二十字《静夜思》，简洁、纯粹，韵味悠长。“特色红煨肉”的简单明了，也是一样的道理。

在贫困的年代里，吃红煨肉是一件奢侈的事，当时猪肉供应要凭票，生活条件好的家庭每周可能吃顿红煨肉，一般家庭至少要一个月吃顿红煨肉。我们家庭兄弟姐妹多，逢年过节才能吃到红煨肉。猪是人类的主要食物，千百年来人们在猪肉上创制了许许多多、脍炙人口的美味佳肴，“特色红煨肉”就是其中的佼佼者。

宋 · 李迪《猎犬图》

莲花入馔——新三鲜

宋代大儒周敦颐在《爱莲说》中写道："予独爱莲之出淤泥而不染，濯清涟而不妖，中通外直，不蔓不枝，香远益清，亭亭净植，可远观而不可亵玩焉。""莲，花之君子者也。"从此，莲花被赋予了光明磊落、襟怀坦荡的特殊寓意。

瘦西湖里初见莲花

我第一次见到荷花是1978年的夏天。

种植荷花，需要一片宽阔清澈的水域。当年常州的公园里除月季、菊花、腊梅，看不到其他名贵花卉——尽管荷花实在算不上"名贵花卉"。

旅游行业出现之前，人们都是借出差、求学、做生意、做官时顺道看下山山水水、人物风俗。杜审言诗里说："独有宦游人，偏惊物候新。"王勃也讲："与君离别意，同是宦游人。""宦游人"就是到外地去做官的人。旧时活动范围小，普通老百姓可能一辈子都不会离开家乡。只有做官的人，赶考的人，或者经商的人，才会有机会到外地去，领略不一样的风景。

我很幸运，赶上了改革开放和恢复高考，并顺利考入了江苏省商校读书。在度过了初期的兴奋之后，第一学期即将考试，我与胡建成、陈建强、董志伟同学带着课本，结伴去瘦西湖复习。一进瘦西湖公园，接天莲叶、出水芙蓉扑面而来，激动和兴奋之下，大家一个劲地说："好看，真好看！"

荷花亦称莲花、水芙蓉等，睡莲科。多年生水生草本花卉。夏季开花，花淡红或白色。花谢后花托膨大形成莲蓬，内生坚果，俗称莲子。夏秋生长末期，莲鞭先端数节入土后膨大成藕。莲藕性喜温暖湿润。我国中部和南部浅水塘泊栽种较多，尤以湖南、湖北两省产量最多，质量最好。

莲花不仅是观赏花，而且莲藕、莲心、荷叶、花瓣等，样样能入馔入药。鲜莲藕是人们喜食的水果和蔬菜原料。干莲子是较名贵的滋补食品。藕经过加工，可制成藕粉和各种蜜饯、果脯。

蔬菜荤做"熘藕段"

莲藕分两大类。一类以结藕为主，又称藕莲，开花结果少，花多为白色，藕身肥，细嫩。如苏州产的花藕，藕粗而短且圆整，皮色黄白，质地脆嫩甜美。杭州产的白花藕，藕粗短，肉厚含水分多，质嫩而酥脆。北京万寿山昆明湖所产鲜藕早先为皇上的时鲜水果。另一类以结莲为主，又称子莲。其藕身细硬，不

宋 · 佚名《出水芙蓉图》

宜食用，多作饲料。但开花结果多，花多为淡红色。湖南洞庭湖、江西鄱阳湖、江苏吴江、浙江龙游、福建建宁等南方水乡均盛产子莲。

莲藕因质地脆嫩、含水分多的，宜生吃。先将藕去节洗净，在淡盐水中浸泡几分钟，捞出洗净，破开切成均匀的薄片，上撒白糖，淋上适量白醋，食之清凉酥脆，酸甜可口。也有将洗净的藕，加适量的水、糖、蜂蜜、桂花酱，用微火慢炖至软烂汁浓，其味甘甜香浓，凉后食用更是消暑佳品。

在扬州读书时，班上有几位是代培生，其中一位是扬州光学仪器厂（属军工厂）的厨师杨友发，中小个头，胖嘟嘟的，小眼睛见人总是笑眯眯的，为人很厚道。那时他已从厨多年，有一手好技术，每天下午放学后要回厂厨房工作。周末的时候，同学们经常到他厂里去“蹭饭”。

有一次，在宿舍里，他根据扬州特色菜肴“糖醋里脊”，创新了一道菜肴——“熘藕段”：先将嫩藕改刀成“寸金段”，拍上干粉；另用面粉与鸡蛋、水制成蛋黄糊，再将藕段逐个挂上蛋黄糊，放入油锅里炸至成熟呈金黄色，另锅上火，烧热放入少许油，加姜末炸香，加入调料制成糖醋汁，勾芡，捞出炸好的藕段入锅裹上糖醋汁，即成。此菜色泽金黄，外脆里嫩，酸甜可口，蔬菜荤做。“熘藕段”给我印象很深，现在已经“移植”到了三鲜美食城。

立秋、处暑收获的中熟品种和寒露、霜降收获的晚熟品种莲藕含水分较少，质地渐老，多宜熟食，如糯米藕。先将藕外的泥洗净，去皮切去节和藕头，再洗净藕内脏污。糯米漂洗干净，由切口处灌入糯米，用竹签别上藕头放入锅内，加清水和少许碱面，上盖荷叶，微火炖二至三小时即可。凉后，切片装盘，撒上绵白糖或蜜汁桂花即可食用。每年秋冬时节，三鲜美食城推出这样的“桂花糖藕”，很受顾客喜欢。

“蜜汁莲心”震服大厨

子莲开花期较藕莲为早，在江南夏至前后便开花，大暑后便可采收莲子，称之霉莲；立秋至白露采收的称之伏莲，其量较大；寒露采收的为秋莲。莲子是较名贵的滋补食品。鲜莲子可当水果又可做蔬菜。将鲜莲子自莲蓬内取出，剥去外皮，削去两头，捅去莲心（可留作药用），可与鸡、鱼、虾、肉同炒，清淡爽口，别有鲜味。干莲子加适量的水在小火上煮泡涨发，清水洗净，削去两头，捅去莲心，加适量清水炖烂，灌入冰糖水（冬热夏凉），就是有名的佳肴冰糖莲子。

1986年，我到商业部沈阳烹饪技术培训站学习“宫廷菜”。培训站副站长、特一级厨师、“宫廷菜”传承人李洪志在教学中，根据“八仙过海”创造了“八仙宴”，其中的“荷仙姑”便是用莲心做的。做法是这样的：将干莲涨发后单层乱铺在碗内，再酿入豆沙，上笼蒸到酥烂，再反扣在汤盘内，浇上甜芡，即成。此菜有创意，但不完美，尤其色彩偏黑。

学期结束时，每个学员必须做一道家乡菜，作为考试成绩纳入结业总分（其实是培训站老师反过来学习其他菜系的精品）。

每个学员不敢懈怠，都在绞尽脑汁。睡在我上铺的同学是湖南长沙人，叫沈瑞斌，在班上年龄最小，才二十几岁，与我关系不错。他向我请教说：“我做什么菜呢？”我说：“你是湖南人，湖南盛产莲心，我们常州所有饭店都会做的一道菜‘蜜汁莲心’，我来教你做，你肯定能得高分。如果你不做，我就做此菜交差。”

备料准备做菜考试时，其他同学开出的料单大多是山珍海味、大对虾、鱼翅、鱼肚等名贵原料。我只要了半斤干莲心和瓶装红樱桃数粒。考试当天买了几个猕猴桃，一个哈密瓜作为副料。将干莲心涨发后，去两头，按常州的“蜜汁莲心”做法，再用上述水果造型围边点缀，整盘菜肴色彩斑斓，红黄绿白相互衬映。为了不破坏造型，我自己端盘送到评判室门口，再浇上芡汁，然后由服务员送进评判室。当时只听到李洪志老师大声说：“拍照！拍照！赶紧拍照！”接着又问：“这个菜谁做的？”

不论做事还是做菜，都要讲究技巧。“八仙宴”中的荷仙姑菜肴是很失败的做法，我就“投其所好”做了一个常州厨师人人会做的“蜜汁莲心”，让大家看看常州厨师的精工细作。同时，也悄悄地传递一个信息给李洪志老师：“荷仙姑”这道菜，这样做更完美。

相比于莲藕和莲子，荷叶的清香是最为别致的。鲜嫩碧绿的荷叶，也经常被用来派大用场：先用开水略烫，再用凉水漂凉，用来包鸡、包肉，蒸后食之，因其形态特殊，风味别致，自然成上等佳肴。

干荷叶的用处更妙，除了入馔入药外，还是做各种各样点心的副料，特别是重阳节的“重阳糕”。干荷叶浸泡回软后，用剪刀剪成圆形垫在蒸笼里，先将配比好的糯米粉放入不锈钢模子，酿入细沙，再铺上糯米粉，抹平，然后扣在荷叶上，上炉蒸熟，糯米香、荷叶香……香味四溢啊。三鲜美食城每年重阳节要销售数万块“重阳糕”，那几天，店门口曲曲弯弯的，都是排队购买“重阳糕”的长龙。

步步生莲花

莲花花瓣入馔由来已久，据说唐朝的薛涛就喜欢食用新鲜荷花瓣，而且还将花瓣汁制成一种特殊的纸。薛涛在成都时喜欢写绝句，平时常嫌写诗的纸幅太大。于是，她对当地的造纸工艺加以改造，在成都浣花溪采木芙蓉皮为原料，加入芙蓉花汁，将纸染成桃红色，裁成精巧的小八行纸。她专门用来誊写自己的诗作，这种窄笺特别适合用来写情诗，人称“薛涛笺”。

今天的莲花花瓣入馔，一般这样操作：将花瓣分片洗净晾干水分，用鸡蛋清与面粉制成蛋清糊，炒锅上火放入干净花生油至三层热，再将花瓣挂上蛋清糊入油锅炸至表皮微脆，捞出装盘成荷花状，撒上白糖，即可食用。食用时也可蘸蜂蜜或炼乳。

另外，在制作夏令饮品“冰冻百合”“冰冻莲心”“冰冻绿豆汤”时，漂上一瓣粉红色的荷花瓣，非但赏心悦目，也多了一层“冷香飞上诗句”的诗意。

说莲花，自然会想起采莲。采莲时，采莲人自带美感、自带诗意、自带画面，就如唐朝诗人王昌龄的《采莲曲》描写的那样："荷叶罗裙一色裁，芙蓉向脸两边开。乱入池中看不见，闻歌始觉有人来。"这幅采莲图画面的中心是采莲少女，她们乘小舟出没于莲荡中，轻歌互答。在田田荷叶、艳艳荷花中时隐时现，若有若无，清芬四溢，花气袭人……这是怎样的人间清景！

江南可采莲，莲叶何田田。

鱼戏莲叶间。

鱼戏莲叶东，鱼戏莲叶西，鱼戏莲叶南，鱼戏莲叶北。

根据《佛陀本生传》记载，释迦佛生时向十方各行七步，步步生莲花，并有天女为之散花。

相传，西湖的曲院曾是南宋时期酿制官酒的作坊，作坊里的人闲时在院中广种荷花。夏季，淡淡的荷花香夹带着浓浓的御酒香，香飘满园，"曲院风荷"便因此得名。

《红楼梦》中，贾宝玉把莲花跟女儿的冰清玉洁联系在一起："其为质，则金玉不足喻其贵；其为性，则冰雪不足喻其洁；其为神，则星日不足喻其精；其为貌，则花月不足喻其色。"

……

莲花是花，也是诗；莲花非花，还是梦。

“糟鸭”的传说

“糟鸭”也叫“酒香糟鸭”“冰冻糟鸭”，是常州传统名菜，历史悠久，为夏季时令佳肴。

80年代，德泰恒菜馆、绿杨饭店、兴隆园菜馆三大“甲级”饭店制作的“糟鸭”最好，特别是兴隆园菜馆的特级厨师严志成制作的“糟鸭”，更加胜人一筹。

那时，每到夏天高温天气，顾客坐在饭店里吹着电风扇喝着冰冻扎啤，品尝着冰冻“糟鸭”解暑的时候，老人们总会兴致勃勃地讲起有关“糟鸭”的动人传说。

相传，很久以前，常州茶山乡有个西荷花塘的村庄里，住着陆氏兄弟三人，他们互敬互爱，早出晚归，以耕耘为业，生活非常和美。

后来三人陆续取了亲。老大、老二娶的是富人家的姑娘。嗬！带来的嫁妆可真不少！唯独老三娶了个穷人的女儿，她的嫁妆呢，只有一双手。

两个嫂嫂自恃嫁妆厚，争着要当家，日子一长，经常发生口角。三媳妇既贤惠，又聪明能干，但两个嫂嫂却经常嘲笑她。有一天，两个嫂嫂吵架，三媳妇过来一劝，两杆对打起来的“花枪”，便一起掉转枪头：“你的嫁妆呢？你的嫁妆在哪里呢？还来说我们。”

妯娌之间常吵架，使三兄弟有了后顾之忧，他们决定，要从三妯娌中间选出一个当家的来。最后决定，给三妯娌每人一只鸭，谁烹制的味道最美，就由谁来当家。但是，第一不许用油，第二不许用其他的副料来配。

第一天，大媳妇做了一锅清炖鸭，三兄弟尝了，没说什么。

第二天，二媳妇做了一只红烧鸭，三兄弟吃了，也没说什么。

第三天，三媳妇端上来一只大盖碗，碗盖一打开，诱人的酒香立刻飘满房间。三兄弟每人夹了一块鸭肉放进嘴里，只觉得又嫩又鲜，满口生香：“好吃！好吃！”

两个嫂子心里不服气，也夹了一块尝了尝。哎呀！酒香扑鼻，别有风味啊。

“这是怎么做的呀？”两位嫂子有点迫不及待。

三媳妇回答说：“先把鸭毛褪尽，去掉内脏，洗净，入冷水锅焯水，待沸捞出再洗净。锅内放入清水，加适量的葱、姜，等水开后，把洗净的鸭放入锅内，煮到用筷子可以穿透鸭时，把鸭拿出。等鸭凉后，斩成鸭块，码入干净盆中，再倒入家里做酒剩下的酒糟汁，淹过鸭块，盖好盆盖。将盆放入竹篮里，用绳子吊放在水井里冷却，这样腌上两天以后就可以吃了。因

元 · 陈琳《溪凫图》

为它是用酒糟出来的，所以叫‘糟鸭’。”

三兄弟听了，都很满意，二哥说：“三弟妹的手多巧啊！”大哥说：“三弟妹最有才能，应该当家！”老三张了张嘴，没说话，看着自己的妻子，笑了。从此，三媳妇当了家。“糟鸭”的制作方法也传播了开来。

“糟鸭”现为三鲜美食城的夏季看家菜，每到夏季，店门口购买“糟鸭”的顾客络绎不绝，一天销售几百份，在店里宴请的宾客也非点此菜不可。众多老顾客一致首肯：三鲜的“糟鸭”酒香扑鼻，糟味入骨，鸭肉鲜嫩，咸中带鲜，是常州正宗的夏令佳品。

80 年代初我在兴隆园菜馆工作，有机会经常观摩严老亲自制作“糟鸭”。后来我与严老又一起在常州厨师培训中心任教，同时负责桃李春菜馆冷菜间的冷菜制作，耳濡目染，又受他指点，掌握了“糟鸭”的制作秘笈。1993 年我到三鲜后，就将“糟鸭”制作秘方传承给了员工，使之成为三鲜美食城的拳头产品之一。

“糟鸭”必须选用当季仔鸭，经活杀褪毛，小开门（腋下）去内脏，洗尽后放锅中加清水和葱姜酒调料（不能加盐），煮沸焐烂捞出晾干。每只改刀成四片，码入不锈钢桶里，逐层放入盐、姜片、葱段，酒糟、味精等调料，加熟的冰水后，加盖用保鲜膜封口，放入冰箱冷藏 10 小时后便可食用。

按照制作“糟鸭”的方法，还延伸出“糟鸭仕件”“糟鸭肫”“糟鸭头”“糟鸭舌”等等糟货系列的时令名菜。

制作“糟鸭”和糟货系列产品，要特别注意卫生安全，要做到专人、专间、专用冰箱，当然，更要专心。

说唱"四季狮子头"

中国烹饪源远流长，烹饪文化博大精深。烹调方法就有爆、炒、熘、炸、蒸、炖等几十种，菜名更是五花八门，丰富多彩，传统相声节目就有《报菜名》。菜肴的命名是有一定的方法和规律，如用数字来命名菜点：一品砂锅、二龙戏珠、三丝鸡卷、五香牛肉、六彩鱼丝、七星丸子、八宝烤鸭、九转肥肠、十味鱼翅、百鸟朝凤、千层油糕、万寿无疆等等。

这次"天宁十大名菜"中就有一道"四季狮子头"。说到"狮子头"，使人想到扬州传统的三大名菜：扒烧整猪头、拆烩鲢鱼头、蟹粉狮子头。扬州的蟹粉狮子头是道秋冬时令名菜，季节性较强，菊花泛黄蟹正肥的时节此菜正当令，选料十分讲究，猪肉肥瘦比例 7:3，刀工要求是细切粗斩，先将猪肉切成米粒状，然后用双刀粗略排斩。我在扬州上学时，江苏商专实验菜馆有个王长生师傅，他用双刀排斩时能打出像京剧打鼓的节奏，或骏马奔腾、马蹄声声的效果，十分悦耳动听。

在说“四季狮子头”之前，我们先来唱一首脍炙人口的《四季歌》：

春季到来绿满窗，大姑娘窗下绣鸳鸯。忽然一阵无情棒，打得鸳鸯各一旁。

夏季到来柳丝长，大姑娘漂泊到长江。江南江北风光好，怎及青纱起高粱。

秋季到来荷花香，大姑娘夜夜梦家乡。醒来不见爹娘面，只见窗前明月光。

冬季到来雪茫茫，寒衣做好送情郎。血肉筑出长城长，奴愿做当年小孟姜。

这首歌是常州姑娘、上海滩上的“金嗓子”周璇首唱的，讲的就四季风情和姑娘心思，历经百年，传唱不衰。其实，早在唐朝，诗仙李白就写过《子夜四时歌》，也叫《子夜吴歌》。《子夜吴歌》分春、夏、秋、冬四首，每首是五言六句。

春歌：秦地罗敷女，采桑绿水边。素手青条上，红妆白日鲜。蚕饥妾欲去，五马莫留连。

夏歌：镜湖三百里，菡萏发荷花。五月西施采，人看隘若邪。回舟不待月，归去越王家。

秋歌：长安一片月，万户捣衣声。秋风吹不尽，总是玉关情。何日平胡虏，良人罢远征。

冬歌：明朝驿使发，一夜絮征袍。素手抽针冷，那堪把剪刀。裁缝寄远道，几日到临洮？

《春歌》写罗敷采桑，《夏歌》写西施采莲，《秋歌》写月

蓮花冠子道人衣日侍君王宴
紫微花柳不知人已去年年鬪綠
與爭緋
蜀後主每於宮中裹小巾命宮妓
衣道衣冠蓮花冠日尋花柳以
侍酣宴蜀之謠已溢耳矣而主之
不挹注之竟至濫觴俾後想搖
頭之令不無扼腕 唐寅

明 · 唐寅《四美图》

下捣衣，《冬歌》写寒夜絮袍。从时间上讲，春和夏属阳，所以用白天的场景，秋和冬属阴，所以用夜晚的场景。从人物上来讲，春和夏的主人公，都是明媚鲜艳的女儿，而秋和冬的主人公，则是饱尝生活艰辛的妇人。我们是否可以把这四首诗连在一起，想象成一个女儿的成长经历呢——她从青葱如桑叶的小女孩，长成明艳如荷花的大姑娘，再到经历离别之苦的月下思妇，最后成长为一名不仅能够独自挑门立户，还能照应千里之外丈夫的成熟女性，这不也是最丰满、最美好的人生四时吗？

唱过周璇的《四季歌》和李白的《子夜吴歌》，回过头来再说“四季狮子头”。本来，最负盛名的蟹粉狮子头，受“蟹粉”原料的季节限制，属时令佳肴。那又哪来“四季狮子头”呢？

其一就是将单一品种（狮子头）做到极致，能一年到头天天供应；

其二就是将猪肉肥瘦比例改变，夏季为5:5，春季为6:4，这样能确保狮子头的口感与风味；

其三就是将一盘四只狮子头做成四种口味或四种颜色；

其四就是选用当令蔬菜配伍狮子头，能使此菜荤蔬搭配，色彩斑斓，五彩缤纷，营养丰富，口感松软，肥而不腻，成为四季佳品。

“四季”是艺术创作的永恒主题，在传统绘画中就有“四条屏”的作品，内容主要就是四季的花卉、四季蔬果、四季鱼虾、四季禽畜、四季山水等等。晚清的任伯年、吴昌硕、任熏，近代的齐白石、孔小瑜、唐云、江寒汀等都是擅画“四季”的大家。他们的作品能让我们在不同季节，看到不一样的风景和不一样的人生。

话说“青城仔鹅煲”

四川青城山因为风景绝佳，历代画家趋之若鹜，特别是“五百年来一大千”的天才画家张大千，一生创作了许多青城山的名画。张大千曾在画中题诗曰：“自为青城客，不唾青城池。为爱丈人山，丹梯巡幽意。”一个“幽”字，让人无限神往。

天宁十大名菜中有道“青城仔鹅煲”。何为“青城”？有人说，用的是四川青城山饲养的鹅，这话让人一头雾水。在我的记忆中，绍兴会稽山的山阴道士养鹅，演绎过“王羲之换鹅”的故事。四川青城山是道教的圣地，盛产茶叶与白果，从来没有听说过当地养鹅。

原来，常州新北区春江镇有一个自然村——青城村，全村几十户农家，数百号人口。一到春天有桃花红、梨花白、菜花黄；闲步村庄，莺儿啼，燕儿舞，蝶儿忙。村里村外风景如画。村中有一个水秀农庄，由村民朱全林经营并在此养鹅，鹅为散养，以玉米、小麦、池边青草作饲料，饲养期为60天左右。青城仔

宋·赵佶《红蓼白鹅图》

鹅因此得名。看来，这是新农村建设中的硕果之一。

“青城仔鹅煲”这道名菜改变了传统煲菜（汤）的做法，它集煲锅、火锅、干锅等菜肴的优势于一身，既能品尝到仔鹅的肥与嫩，又能喝到汤浓如乳的鲜汤，而且可以根据宾客的喜爱，不断添加时蔬烫食，品尝时多了自己动手的乐趣。

家禽鸡鸭鹅是餐饮行业的主要烹饪原料，各地名菜众多，有符离集烧鸡、常熟叫化鸡、常州糊涂鸡；北京烤鸭、南京桂花鸭、兰陵唐老鸭；扬州盐水鹅、东北铁锅炖大鹅、无锡云林鹅。这么多鸡鸭鹅名菜个个都有故事，特别是“云林鹅”，相传是无锡倪瓒所创。

倪瓒是元末明初著名画家，诗人，号云林，与黄公望、王蒙、吴镇合称“元四家”。倪高士作画“聊写胸中之逸气”，故而“逸笔草草”，是后世文人墨客心目中的高人逸士。有一次，倪高士在苏州朋友家，品尝到一道鹅菜，感觉味道鲜美，久久不能忘怀。回到无锡后，经过多次研究试制，形成独特的烧鹅方法。清代袁枚在《随园食单》中对倪瓒的创烧极为推崇，并冠以“云林鹅”雅称。从此“云林鹅”声名远播，逐渐为世人所熟知。

禽类也是文人墨客诗词创作的素材，大家最熟悉的有毛泽东的“一唱雄鸡天下白”、苏东坡的“春江水暖鸭先知”。然而独立写“禽”的诗篇要属唐朝诗人骆宾王的《咏鹅》：鹅，鹅，鹅，曲项向天歌。白毛浮绿水，红掌拨清波。

相传，《咏鹅》是骆宾王七岁时所写。幼年时的骆宾王，家住在义乌县城北的一个小村子里。村外有一鉴方塘，每到春天，塘边柳丝飘拂，景色迷人。有一天，家中来了一位客人。客人见骆宾王面容清秀，聪明伶俐，就问他几个问题，皆对答如流，客人惊讶不已。随后，骆宾王随客人信步来到池塘边，一群白鹅正在戏水浮游。客人笑指鹅群，请骆宾王以鹅为题，赋诗一首。面对眼前熟悉的情景，骆宾王不假思索，脱口吟出了"鹅，鹅，鹅，曲项向天歌……"

《咏鹅》把听觉与视觉、静态与动态、音声与色彩完美融合，呈现出一幅栩栩如生的鹅儿戏水图。苏东坡说"摩诘诗中有画，画中有诗"，骆宾王的《咏鹅》诗又何尝不是一幅小清新版的《辋川图》呢？

"青城仔鹅煲"在制作完成后，上桌时食用时带有卡式炉，配以绿色、白色、黄色、清色的蔬菜，加红色鸭血，佐以"三色"面条，此菜景色完全与《咏鹅》诗中的"白毛""绿水""红掌"和"清波"相映成趣！你看，一不小心，聪明的厨师就做出了一道"唐诗菜"。

"青城仔鹅煲"是文笔山庄大饭店创制的。我想，如果把菜名叫做"文笔咏鹅"，或许更有诗情画意。

美器 美味 美食

天宁十大名菜中有“常州头道菜”。何谓“头道菜”？要回答这个问题，首先要理清“吃饭与宴席”的区别。

吃饭是为了生命延续，是第一需求。它没有太多的形式与内容，只要按自己的喜爱吃，所谓“萝卜青菜各人所爱”。但宴席就必须有一定的程序，首先要有内容，如国庆宴会、外交宴会、喜庆宴会、年终宴会等等，规格与时间必须统一；形式上必须是多人同时就餐，一定要预设菜单。

传统宴会菜单根据不同内容主要有：八冷盘、四热菜、六大菜、二点心、一主食、一水果组成；宴会上菜必须严格按照菜单程序走，六大菜中第一个上的就叫“头菜”，也叫“头道菜”。

传统宴席头菜的原料主要有：鱼翅、海参、鲍鱼、鱼肚等等，头菜用鱼翅做就叫鱼翅席，用海参做就叫海参席。如果是桂花飘香的时节用蟹黄烩鱼翅做头菜，那就是标准的“蟹黄鱼翅席”了。

元 · 佚名《蓼龜图》

“常州头道菜”是道汤菜，头道菜一般不用汤菜做，但只要汤菜的品质好，作为头菜也无妨，就像京剧大师梅葆玖唱的《大唐贵妃》改成戏歌《梨花颂》一样，叫做移步不换形，交响与京剧共振共鸣。所谓汤菜，注重的就是汤的品质，在烹饪界汤分为两种：清汤与浓汤。清汤要汤清见底，浓汤要汤浓如乳。餐饮行业里有句俗语，“厨师的汤，唱戏的腔”，可见厨师制汤的重要性。

要品尝“常州头道菜”这道汤菜，还要先说一下怎样品茶。历史上能品会品茶的名人很多，如苏东坡、陆羽等，苏东坡就有“且将新火试新茶”等佳句。不过，相比于卢仝，则要逊色多了。

唐朝诗人卢仝是最有名的品茶专家。据说，有一天卢仝睡懒觉，日上三竿还没起床，这时有人来敲门。原来，好友让书童送来了新茶。卢仝顾不上吃早饭，就泡起新茶来品，并赋诗一首：

> 一碗喉吻润，二碗破孤闷。三碗搜枯肠，惟有文字五千卷。四碗发轻汗，平生不平事，尽向毛孔散。五碗肌骨清，六碗通仙灵。七碗吃不得，唯觉两腋习习清风生。

品茶到如此境界，真是痛快淋漓。

茶是这样品，那汤怎么喝？一口触其烫、二口尝其鲜、三口品其醇、四口闻其香、五口热流穿肠过、六口双唇粘、七口唇不起……

“常州头道菜”选用野生甲鱼，配以菌类和虫草花，用炖的方法烹制而成。它的汤为什么要分七口喝呢？因为它采用了特殊的器皿——宜兴砂锅。砂锅品种很多，传统上可分为二种：即上火直接炖菜的砂锅与蒸汽砂锅，此菜用的就是蒸汽砂锅，用传统的“隔水炖”炖制而成。蒸汽砂锅系用朱砂紫泥制成，其色红中泛黑，黑里透亮，外形美观，用它蒸炖鸡、鸭、甲鱼、牛、羊、猪肉，颜色不变，味道鲜美，肉嫩汤醇，原味蕴蓄。美国前总统尼克松来华访问时，品尝了蒸汽砂锅炖的菜后赞不绝口，临走特地购买了 200 多只各种型号、样式的砂锅带回美国……

中国烹饪，技艺精湛，脍炙人口；中国陶瓷，历史悠久，内涵丰富。两者结合便是美食、美器、美文化。

品茶、品汤，其实都是品人生。

芹菜 芹献 芹意

春节是中国人最看重的传统的节日，象征家庭团圆、百业兴旺，家家户户贴春联，贴“福”字，寄托着来年新的希望。

中国人过春节总少不了家庭聚餐、走亲访友、相互宴请。宴请菜单一般是六至八个冷盘，四只热菜，四只大菜，一只甜菜，一只随饭蔬菜，一只酸辣汤（也叫醒酒汤）。

冷菜中，肯定会有一只拌芹菜。在食品稀缺的时代，拌芹菜往往是作为凉拌皮蛋或葱油海蜇的垫底料（皮蛋与海蜇等食品都是凭票供应的）。如今，拌芹菜早就单独成菜，有芹菜拌干丝、开洋拌芹菜、芹菜百页丝等等，宴请最后的随饭菜大多是清炒芹菜。

芹菜种植历史悠久，《诗经》就有“芹，楚葵也”的记录，《吕氏春秋》也称“秋菜之美者，有云梦之芹”。芹菜在播种前半个月土地要翻晒至白，种子要浸泡 24 小时，保持湿润状态，要控制温度在 18 至 20 摄氏度之间，然后将土地浇足底水，待水下渗，

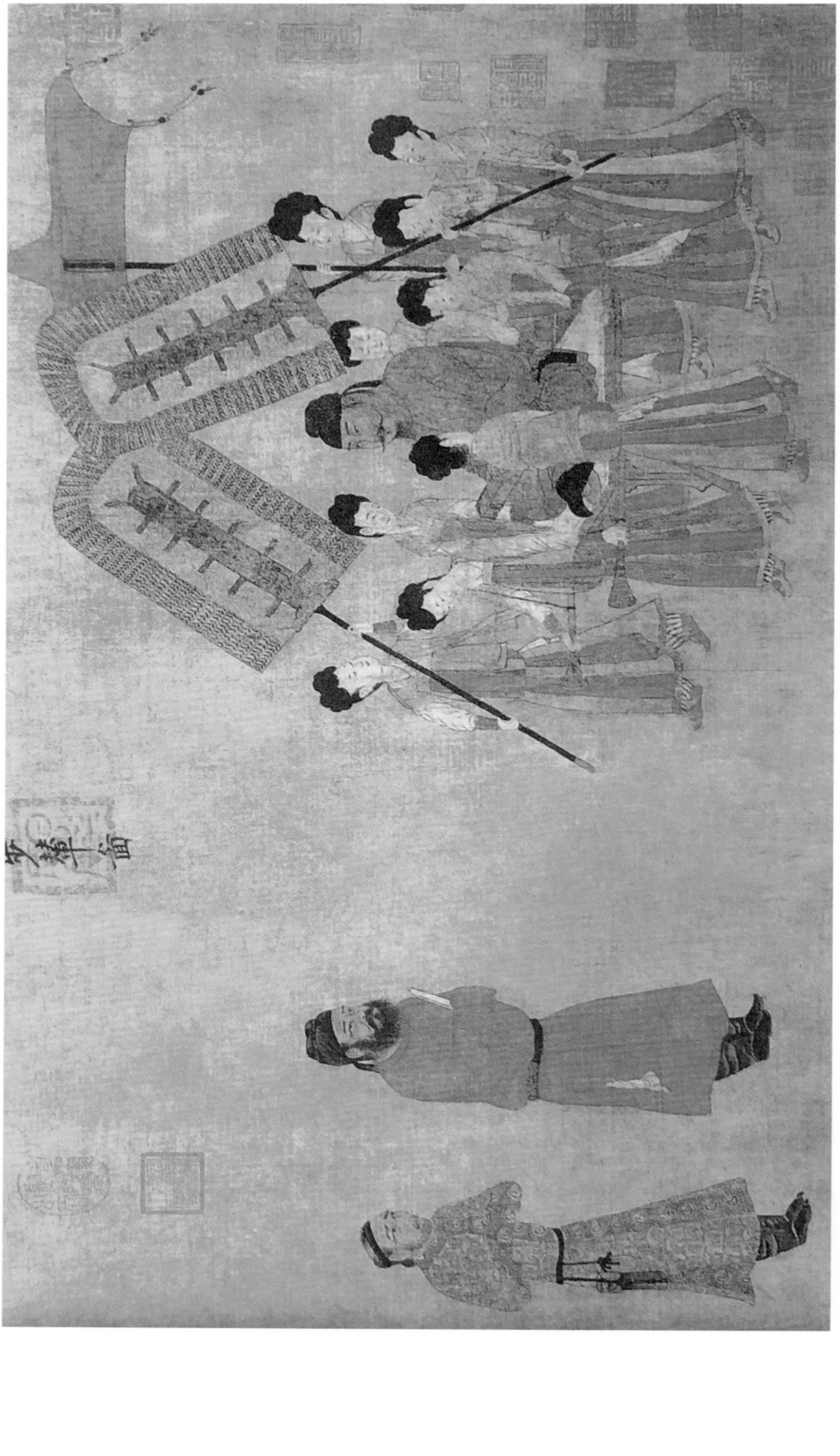

唐·阎立本《步辇图》

才可播种，生长期数月，旺盛生长期7至10天就要肥水管理一次，灌水3次，追肥2次，勤松土，收获前一周还需灌水1次。工艺之繁琐，劳作之辛苦，非勤劳之人，不能收获，故称“勤菜”。

芹菜又名药芹、蒲芹，具有特异清香之味。它和芫荽、荆芥并称“菜中三香”。自古以来，就以清香爽口赢得文人墨客的赞誉。

爱汝玉山草堂静，高秋爽气相鲜新。有时自发钟磬响，落日更见渔樵人。盘剥白鸦谷口栗，饭煮青泥坊底芹。何为西庄王给事，柴门空闭锁杜筠。

（《崔氏东山草堂》）

杜甫坐在崔氏的草堂之上，朋友捧上蓝田县白鸦口的栗子，屋里飘着青泥坊盛植的芹菜香味，不用说，午饭时一定能吃上爽口的芹菜。

杜甫可能也是“吃货”，“鲜鲫银丝脍，香芹碧涧羹”（《陪郑广文游何将军山林》）让人浮想联翩。前一句说的是鲜美的鲫鱼汤，后一句讲的是用芹菜、芝麻、茴香、盐等制成的羹。到了明代，诗人高启以“芹”为题，写了一首五言小诗：“饭煮忆青泥，羹炊思碧涧。无路献君山，对案增三叹。”其中的“碧涧”，就是杜甫诗中所说的“香芹碧涧羹”。

芹菜有水芹与旱芹之分，又有青芹、黄心芹、白芹之别。白芹盛产于常州溧阳，是全国农产品地理标志。溧阳白芹又叫旱地夹板芹菜，是溧阳农民创造出的独特品种。溧阳白芹品质优良，白嫩的茎、叶均可食用，既可爆炒，也可凉拌，其成品因色、香、味、形、脆俱佳，被誉为“江南时蔬第一绝”。白芹也成了某些历史人物的特别嗜好。

柳宗元《龙成录》记载了这样一个故事：魏徵经常在唐太宗面前摆出一副严肃的面孔，太宗悄悄问侍臣："用什么好东西才能使羊鼻公动情呢？"侍臣说："魏徵喜欢醋拌白芹。"日后，唐太宗招来魏徵，赐给他的饭菜里有醋拌白芹三碗。魏徵见后，眉飞色舞，饭还没吃完，三碗白芹已吃得精光。唐太宗这才悠悠地对魏徵说："你一方面说自己无所爱好，一方面又这么爱吃醋拌白芹，呵呵。"天语道破天机，吓得魏徵赶紧拜谢。

其实，不但魏徵酷嗜白芹，溧阳白芹人人喜食。现代营养学研究表明，白芹含多种维生素和无机盐，其中钙、磷、铁含量较高，具有一定的药用价值，可起到清洁血液，降低血压的功效。常吃芹菜有助于清热解毒，去病强身，特别是酒后食用芹菜，还能醒酒保胃。

芹菜可以根据各家庭和个人的喜爱进行凉拌或热炒，也能制作各种馅心，包馄饨、包饺子、包馒头、包春卷，特别馨香有味。常州民间习俗，春节期间长辈一定要小辈多吃芹菜(勤菜)，寓意来年更勤快、更勤奋、更勤劳，创造出更加幸福美好的生活。

最后说几句题外话。芹菜因其平凡低调又品质独特，常被古人用作谦辞。"芹献"或"献芹"，是谦称自己所赠东西不好；"芹意"，喻指自己的一点微薄情意。南宋爱国词人辛弃疾 1165 年写了 10 篇论文，对中国的统一问题等提出了很有价值的建议，他给这组文章起的总题就叫《美芹十论》。

新春佳节，我也以此小文，芹献万家。

三道宫廷菜的故事

有人用“稀贵、奇珍、古雅、怪异”八字概括宫廷菜的特色，意思说宫廷菜在色、质、味、形、器上都特别考究，带着皇家雍容华贵的气质。也因此，宫廷菜肴在普通百姓眼里，多少有点神秘。

其实，许多宫廷菜肴来自民间，使用的烹饪原料也普通。像康熙、乾隆多次微服私访，对民间膳食非常欣赏，因此，清宫御膳房吸收了全国各地的风味菜和蒙、回、满等族的风味膳食，并经历代厨师重新演绎与创造，形成了宫廷菜特有的文化。可以说，宫廷菜既有贵族血统，又有民间基因。

下面，讲讲三道宫廷菜的故事。

“太白鸭子”

诗人李白素有抱负，立志要“申管晏之谈，谋帝王之术，奋其智能，愿为辅弼，使寰区大定，海县清一”。但是很长时间里，诗人浪迹江湖，根本都没有实现抱负的机会。天宝元年（742），机会来了，42 岁的李白应诏入京，光明前途似乎就是眼前。异常兴奋的诗人，激动地写下了“仰天大笑出门去，我辈岂是蓬蒿人”的豪迈诗篇。

李白入京任翰林供奉，名噪一时，王公大臣争相交接。他的诗，更是“达官贵人竞相诵吟”。但在一代雄主唐玄宗眼里，李白不过是一个文学“弄臣”，并没有在政治上重用的意思。而李白担任的，也不过是翰林供奉，而不是翰林学士。翰林学士专职为皇帝工作，是皇帝的参谋、秘书，皇帝的公文、诏书，都是翰林学士们起草的；翰林供奉只是个虚职，属于荣誉性位置、安慰性头衔。此前就有“棋供奉”“画供奉”等，李白这个“诗供奉”，说白了是陪皇帝玩风雅、逗妃子们开心的。

有一次，玄宗和贵妃在沉香亭观赏牡丹花，伶人们表演歌舞助兴。音乐一起，玄宗立即叫停，说：“赏名花，对妃子，岂可用旧日乐词。”歌王李龟年心领神会，立即去找李白写新词。当时的李白，“长安市中酒家眠”。李龟年把他推醒后说：“皇上与贵妃在沉香亭赏花，等着你写新诗助兴呢。”李白略加思索，当场写下了《清平调》三首。

云想衣裳花想容，春风拂槛露花浓。
若非群玉山头见，会向瑶台月下逢。

一枝红艳露凝香，云雨巫山枉断肠。
借问汉宫谁得似？可怜飞燕倚新妆。

名花倾国两相欢，长得君王带笑看。

解释春风无限恨，沉香亭北倚阑干。

李龟年拿了新诗直奔沉香亭，唐玄宗看到李白墨迹未干的新诗后，龙颜大悦，亲自伴奏，李龟年打板唱词，伶人起舞，贵妃醉酒。

但是心怀“直挂云帆济沧海”的李白，并不甘心当一名歌颂升平的宫廷文人。他多次向玄宗暗示，自己想成为社稷的“辅弼”，可玄宗并不理会。同时，李白的到来，抢了别人的风头，加上他傲岸任侠，根本不把杨国忠、高力士等人放在眼里。在佞臣们的谗言下，玄宗逐渐疏远李白。李白则一往情深，想方设法接近玄宗，申明志向。

有一次，他突然想起年轻时吃过的一道美味，就用百年陈酿花雕（黄酒）、枸杞子、三七等烹调了一只肥鸭献给玄宗。玄宗尝后，大加称赞，诏询李白“何物烹制”，李白如实以对，并告知：“臣虑陛下龙体劳顿，特加补剂耳。”玄宗大悦：“此菜可称‘太白鸭’”。“太白鸭”由此传世，成为宫廷佳肴。

“太白鸭子”投料及制作方法：

主料：鸭子一只。

配料：枸杞子 5 钱、三七 3 钱、猪瘦肉 2 两、小白菜心 5 两、面粉 3 两、普通汤 2 斤半。

调料：盐、料酒、味精、胡椒面、葱、姜。

操作过程：将鸭子开膛洗净，剁成方块，下入汤内煮透。枸杞子洗净。把 2 钱三七砸碎，1 钱研成细粉，

唐 · 佚名《宫乐图》

猪肉砸成泥。小白菜洗净，用开水烫后剁碎。面粉用菠菜汁和成包饺子用的面团。葱切少许碎末，另切一些段。姜切成片，再另捣少许姜汁。

将枸杞子、碎三七、葱段、姜片及鸭块放入砂锅内注入汤，放料酒、胡椒面、精盐适量，再撒上三七粉，用一大张绵纸浸湿，封严砂锅口，以沸水旺火上笼蒸烂。

将肉泥盛入容器内，先用少许清水解散，加盐、胡椒面、味精、料酒、姜汁搅匀成馅，再加剁碎的小白菜和匀。面团揪成剂子，擀成圆片，包二十个翡翠饺。

鸭子烂时，烧开水，把翡翠饺煮熟。从笼屉中取出盛鸭的砂锅，揭去纸，加入味精尝好味，将翡翠饺捞入砂锅内，再封上绵纸上席即可。

特点：汤鲜鸭烂，枸杞、三七具有滋补之功效。

“宫门献鱼”

康熙皇帝喜欢微服私访。有一次，他来到了云南“宫门岭”。宫门岭山高岭峻，岭下有个天然大山洞，洞宽丈余，形如宫门，故称“宫门岭”。宫门大洞分为东宫门（东洞口）和西宫门（西洞口）。东宫门外是一遍山坡草地，西宫门外是一个池塘。这天中午，康熙来到西宫门，见池塘边有家小酒店，就缓步而进。刚坐下，店小二便满脸堆笑地跑过来：“客官，来点什么？”“一条鱼，一斤酒。”

一会儿工夫，鱼、酒送了上来。康熙自斟自酌，很快就把鱼吃完了。“这鱼好吃！”康熙称赞道，“小二，此菜何名？”“腹花鱼。”“为何称作腹花鱼？”康熙觉得奇怪。店小二指着窗外的池塘说：“客官，这鱼吃鲜花嫩草长大，鱼腹上长着金黄色的花纹，所以叫作腹花鱼。”“原来如此。”康熙说道：“我给改个名字吧。”“好哇。”于是康熙取来文房四宝，一挥而就，写下“宫门献鱼”四个大字，落款“玄烨”。店家非常高兴，把它挂在店堂的显眼处。

不久，云贵总督路过这家小店，惊讶地发现店堂里挂着“宫门献鱼”，且署名“玄烨”！忙问店小二这东西的来历。店小二一五一十叙说了由来。总督再三端详，确认果真是天子御笔！当即跪下叩头，把店家惊得目瞪口呆。

从此，凡是路过这家小店的人，都要停下来尝尝“宫门献鱼”。小店也因此经常就宾客满座，生意兴隆。

“宫门献鱼”投料及制作方法：

主料：鲜鱼一条。

配料：熟瘦火腿5钱，豌豆2两，牛肉2两，大海米5钱，冬笋1两，榨菜1两，干红辣椒1两，鸡蛋清3个。

调料：花生油5两，绍酒2两，米醋1两半，酱油5钱，白糖1两半，精盐、味精、干淀粉各少许，葱、姜、蒜适量。香油、红油各少许。

制法：把鱼收拾干净，用刀把鱼斩成头、身、尾三段，把头、尾两侧剞上兰草花刀，加绍酒、酱油，再取葱段、姜块用刀拍松和鱼一起，腌制一会把身段剔去骨刺，剥

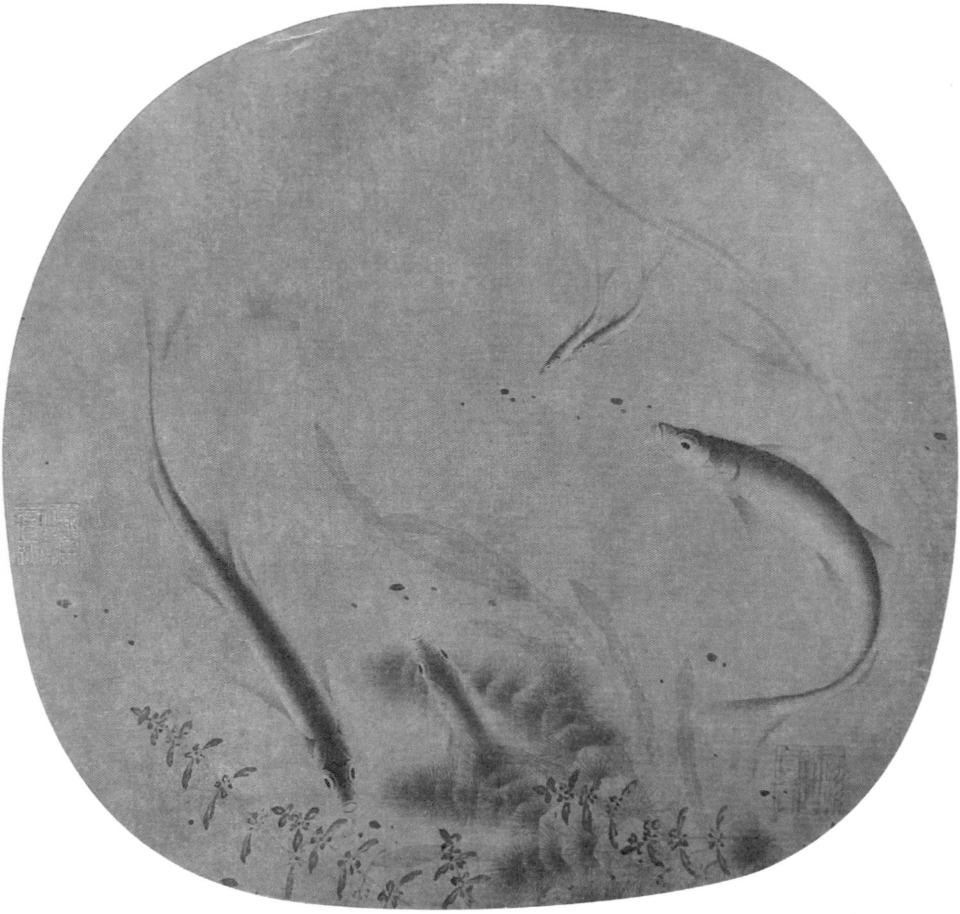

宋 · 刘寀《群鱼戏藻图》

去皮，抹刀片成长1寸半，宽5分，厚1分半的片。放入苏打水中浸泡一会，再用清水投净，用干淀粉和鸡蛋清调成糊，把鱼片放入糊中抓拌挂匀备用。将火腿切成3分的菱形薄片，将豌豆去掉皮，将鱼片铺在大平盘内，再把火腿片摆在鱼片上，成一朵小花，然后把青豌豆放在花的中心。大勺加底油，将头、尾两面煎至绷皮，倒入漏勺。再将全部配料切花椒粒大的丁，大勺少留底油，下牛肉末和海米煸炒出香味时，下榨菜和冬笋、葱、姜、蒜末，炒几下加入酱油、绍酒、米醋、精盐、味精、白糖。将鱼放入勺中，加汤与鱼平，旺火烧开后，移小火慢炖40分钟，再将大勺置旺火收汁，加红油和香油出勺。头、尾分放在盘的两侧。

另用一大勺加白油，烧至四成热时把鱼片一片片下勺，炸至鱼片漂浮在油面时，捞出码在头尾中间，再用勺炒油汁，浇淋在鱼片上即上桌。

特点：两色两味，形如宫门中跃出条鱼。是清宫大典中必备的菜点之一。

“红娘自配”

清朝同治年间，宫廷御膳房有三位著名厨师，都姓梁，号称“三梁”。其中的梁会亭，烹调技艺高超，聪明能干，“红娘自配”这道名菜就是出于他手。这其中，还有一个曲折的故事。

按照清宫规矩，每10年招收一批宫女，同时“清退”一批超龄宫女。招收进来的宫女不得超过 12 岁，22 岁之前就必须离宫。

当时，慈禧身边有 4 名超龄宫女，梁会亭的侄女梁红萍也在其中。慈禧对这几个乖巧的侍女特别满意，尽管到了年龄，一点儿也没有放她们回家的意思。梁会亭担心侄女梁红萍因此误了终身，于是就根据《西厢记》中的故事情节，做了一道“红娘自配”的菜肴，意欲打动慈禧。

没想到，慈禧收到菜后大怒，当场就要发作。但转念一想，超龄宫女离宫是祖宗定下的规矩……这样又拖了三年。

再说梁会亭，自从敬奉了“红娘自配”后，久久没有消息，便知道慈禧一意孤行。正在烦恼之际，忽然接到太后的懿旨，让他再做了一道“红娘自配”。梁会亭不知道慈禧到底要做什么，只好硬着头皮又做了一道。菜送上后，慈禧招来 4 名超龄的宫女，问道：“红娘自配，知道是什么意思啊？”宫女们装着不懂。慈禧说：“你们伺候我这么多年，我也不能误了你们的终身。从现在起，你们可以随时出宫，各自选配如意郎君去吧！”4 名宫女听后大喜过望：“老佛爷洪福齐天，万寿无疆！”不久，“红娘自配”在宫廷和民间广为流传。

“红娘自配”投料及制作方法：

主料：大对虾 8 两。

配料：鸡蛋 2 两，蛋清 2 两，面包 3 两，冬笋半两，海参半两，水发冬菇半两，熟瘦火腿、香菜叶各少许。

调料：大油 2 两 5 钱（实耗），绍酒 3 钱，淀粉 1 两，

宋 · 佚名《荷亭儿戏图》

面粉5钱，香醋3钱，白糖1两，番茄酱1两，精盐、胡椒粉、葱姜末各少许，味精适量。

制法：把大虾去头和身壳，留下尾梢，除去脊背沙线。在虾背拉一刀，用刀拍成大片。然后加少许盐、酒、胡椒粉、味精拌合煨制一会。再将虾身两面拍上一层干面粉，放入事先打开的鸡蛋浆内拖满，从头向尾卷成虾盒。将面包切成渣并把虾盒放上面使其沾满一层面包渣，大勺放火上加2斤半白油，烧至四成热时，将虾盒下勺炸透捞出，控净油。蛋清抽打成雪花状，加入淀粉面粉调均，用筷子抹在虾盒的上部，并在上面沾一香菜叶，撒上少量火腿末，而后再放入温油中浸透捞出，码放在圆盘的一周。将余下面包切4分见方的小丁，配料切略小于面包丁的丁。将面包丁放入油中炸成金黄色，酥脆干香，捞出摊放在虾盒中间。提前用勺，煸葱、姜下配料略炒。加入番茄酱、好鸡汤和调味品，拢少许粉芡，加香油出勺，浇淋在面包丁上，即可上桌。

特点：色泽红润、口味酸甜、面包酥脆、香味扑鼻。

上面三个故事虽然有很大的传说成分，但流传既久且广，恐怕也不是空穴来风，20世纪80年代还编入了商业部《宫廷菜》培训教材。

“太白鸭子”“宫门献鱼”“红娘自配”在80年代末纳入常州厨师培训中心教学菜课程，由我亲自授课。90年代初落户三鲜美食城。在几十年的供应中，“太白鸭子”曾叫做“知味鸭子”“翡翠鸭子”；“宫门献鱼”更名为“一尾顶天”“双味桂鱼”；“红娘自配”演变成“桑拿基围虾”“椒盐元宝虾”，深受广大顾客欢迎。值得一提的是，“一尾顶天”作为三鲜美食城的拿手菜，去年参加了钟楼区举行的改革开放四十周年成果展，受到同行们的好评。

“旧时王谢堂前燕，飞入寻常百姓家。”一度高不可攀的宫廷菜，如今已放下身段，在普通市民的餐桌上大放异彩，这是时代的进步，更是百姓的口福。

“东坡宴”的题外话

自从常州提出建设“旅游明星城市”后，业内“吹绉一池春水”，文化、旅游、商业等部门一马当先，奋勇作为。而“食美常州”的评选，更让餐饮界跃跃欲试。一时间，可谓是“你方唱罢我登场”，煞是热闹。作为一名从业30多年的餐饮人，有时难免目不暇接、眼花缭乱。

横空出世的“东坡宴”

5月6日，首届大运河文化旅游博览会于2019年5月3日至6日在江苏省扬州市举办，博览会共有18项活动，“大运河美食嘉年华”便是其中之一。

京杭大运河从常州穿城而过，孕育了丰富多彩的运河文化。扬州的大运河盛会，常州自然不能错过。从公开的报道中得知，“东坡宴”代表常州受邀参加“大运河美食嘉年华”评选，并荣获“大运河美食名宴”的称号。

关于“东坡宴”的介绍是这样的：苏轼钟情常州，终老于常州，他不但对诗文、书法造诣很深，而且堪称我国古代美食家，对烹饪菜肴亦很有研究。为了纪念苏东坡先生，文笔人决心呈现他所喜爱的美食，并将这份美味情缘延续下去。进而将东坡文化、中华传统美食文化发扬光大！

作为常州地区唯一入选的名宴。“东坡宴”在活动中大放异彩，受到在场专家评委和业内人士的一致好评，这是常州菜的骄傲。

我打电话给市行业协会有关人士，想索要一份“东坡宴”的资料，对方很神秘，回答说：“目前《东坡宴》资料还不成熟，待完善后再给。”

再与江苏省烹饪协会龚剑峰副会长联系，他说：“马上发给您。”原来龚会长就是“东坡宴”的研发者。下面是龚会长发来的资料：

冷菜：人生五味伴老饕（五碟）

热菜：洞庭春色东坡羹 雪堂密酒蒸香鹅 藏春坞里莺花闹
晚雨留人人醉乡 东坡醉画竹石图 五色彩雀羽飞舞
三杯橙香富贵鱼 秘制兰陵东坡肉 养身孜然羊脊骨
东坡吟菊品人生

主食：江南晾衣清水面

从“东坡宴”的研发资料上显示，每只菜肴都有出处与典故，可见研发者在文史尤其是诗词方面的修养，菜名、菜品也凝聚着烹饪大师们的智慧。

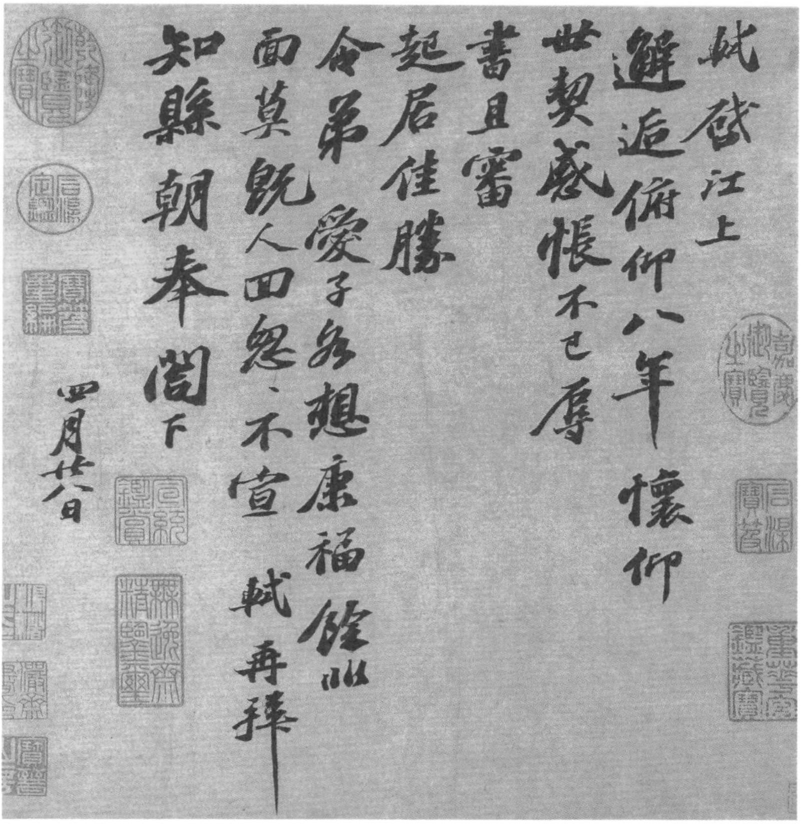

宋 · 苏轼《江上帖》

从“东坡宴”，想到一个题外话。

韩熙载的“夜宴”与“东坡宴”似乎不搭

先来说说给“东坡宴”背书的《韩熙载夜宴图》。

在“大运河美食嘉年华”评选中，“东坡宴”活动现场的背景墙是五代（南唐）顾闳中的《韩熙载夜宴图》。

《韩熙载夜宴图》是南唐时代的作品。南唐就是唐朝之后宋朝之前的一个短命王朝，后主李煜是著名的词人也是著名的亡国之君，欧阳修说他“性骄侈，好声色，又喜浮图，为高谈，不恤政事”。画中的韩熙载是南唐的重臣，他为了避免后主的猜忌，自甘沉沦，整天莺歌燕舞，酒池肉林，家养歌妓五十余名。所谓“自晦”或者“自秽”者也。

韩熙载的高调，引来了李后主的好奇。后主专门派了宫廷画家顾闳中夜窥韩府，并根据真实夜宴场景创作了著名的《韩熙载夜宴图》，一般认为，此图是韩熙载真实生活的写照。根据谢稚柳等人的研究，南唐顾闳中所画《韩熙载夜宴图》真迹已不知去向，现存北京故宫博物院的《韩熙载夜宴图》是宋代无名画家的临本，笔墨是宋人的，但内容和风格还是南唐的。

现在的问题是，《韩熙载夜宴图》中的“宴”与“东坡宴”中的“宴”是否是同一形式的“宴”？

《韩熙载夜宴图》故事共分五个段落。画家用反复出现的屏风，将每段情节巧妙地隔开，产生连环画一样的效果。这五段分别是听乐、观舞、暂歇、清吹、散宴。

第一场听乐，宾主皆望向一位将要弹琵琶的女子，她是管宫廷乐队的教坊副使李嘉明的妹妹，哥哥就坐在一旁。主人韩熙载与宾客罗汉床上配有小炕桌，上头摆满了精致的点心，那会儿还是分餐制，每张桌上各有一人一份的食物。

第二场观舞，就是由著名舞蹈家王屋山给大家表演一段《六幺》。王屋山身着长舞衣，背对着观众，侧露半脸。微抬起的右脚，正要踏下去，背后的双手，从下往两边分开，长袖飘起。真可谓“含苞待放”，让人遐想，难怪韩熙载亲自为她打鼓。

第三场暂歇，韩熙载由几位佳人陪着，坐到罗汉床上，正洗手呢。

第四场是清吹，五位歌女吹箫合奏。韩熙载也彻底放飞自我了，衣襟大敞，鞋也脱了，盘坐于靠背椅上，手上拿着一把大蒲扇，边上伺候的侍女也摇着扇子，可见他确实是“玩嗨了”。

第五场散宴，只见韩熙载又整理好衣装，一手拿着先前打鼓的棒，一手做着挥别状，那意思还挺不舍，仿佛在说：“诸位，慢走，不送，明晚还来，咱接着嗨。”

从这五个场景来论，《韩熙载夜宴图》中“宴”完全是一场歌舞盛宴，而不是现代人聚餐吃喝的豪宴。或者说，韩府以歌舞为主的夜宴，比现代人以酒肉为主的豪宴要风雅得多。比如王屋山表演的《六幺》舞，盛行于唐宋，白居易《琵琶行》里就有一句：“初为《霓裳》后《六幺》”，是经过中西合璧的官方正脉。

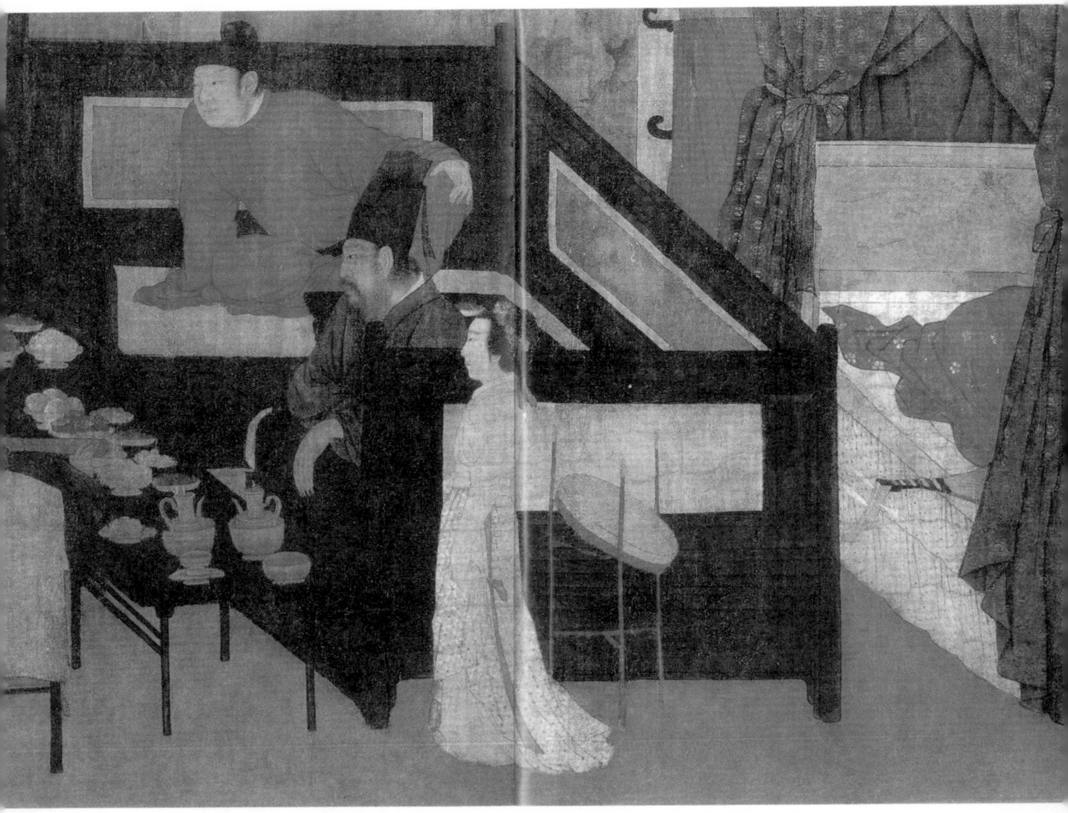

五代·顾闳中《韩熙载夜宴图》（局部）

宋朝没有大吃大喝的“豪宴”

最近我重新拜读了汪曾祺先生于1987年发表在《作家》杂志第六期上的文章《宋朝人的吃喝》。

唐宋人似乎不怎么讲究大吃大喝。杜甫的《丽人行》里列叙了一些珍馐，但多系夸张想象之辞。五代顾闳中所绘《韩熙载夜宴图》，主人客人面前案上所列的食物不过八品，四个高足的浅碗，四个小碟子。有一碗是白色的圆球形的东西，有点像外面滚了米粒的蓑衣丸子。有一碗颜色是鲜红的，很惹眼，用放大镜细看，不过是几个带蒂的柿子！其余的看不清是什么。苏东坡是个有名的馋人，但他爱吃的好像只是猪肉。他称赞“黄州好猪肉”，但还是“富者不解吃，贫者不解煮”。他爱吃猪头，也不过是煮得稀烂，最后浇一勺杏酪。杏酪想必是酸里咕叽的，可以解腻。有人“忽出新意”以山羊肉为玉糁羹，他觉得好吃得不得了。这是一种什么东西？大概只是山羊肉加碎米煮成的糊糊罢了。当然，想象起来也不难吃。

宋朝人的吃喝好像比较简单而清淡。连有皇帝参加的御宴也并不丰盛。御宴有定制，每一盏酒都要有歌舞杂技，似乎这是主要的，吃喝在其次。幽兰居士《东京梦华录》载《宰执亲王宗室百官人内上寿》，使臣诸卿只是“每分列环饼、油饼、枣塔为看盘，次列果子。惟大辽加之猪羊鸡鹅兔连骨熟肉为看盘，皆以小绳束之。又生葱韭蒜醋各一碟。三五人共列浆水一桶，立杓数枚”。“看盘”只是摆样子的，不能吃的。“凡御宴至第三盏，方有下酒肉、咸豉、爆肉、双下驼峰角子”。第四盏下酒是炙子骨头、索粉、白肉胡饼；第五盏是群仙炙、开花饼、太平毕罗、干饭、缕肉羹、莲花肉饼；第六盏假鼋鱼、密浮酥捺花；第七盏排炊羊胡饼、炙金肠；第八盏假沙鱼、独下馒头、肚羹；第九盏水饭、簇钉下饭。如此而已。

几乎所有记两宋风俗的书无不记“市食”。钱塘吴自牧《梦粱录·分茶酒店》最为详备。宋朝的肴馔好像多是“快餐”，是现成的。中国古代人流行吃羹。“三日人厨下，洗手作羹汤”，不说是洗手炒肉丝。《水浒传》林冲的徒弟说自己“安排得好菜蔬，端整得好汁水”，“汁水”也就是羹。《东京梦华录》云“旧只用匙，今皆用筋矣”，可见本都是可喝的汤水。其次是各种爊菜、爊鸡、壤鸭、爊鹅。再次是半干的肉脯和全干的肉。炒菜也有，如炒蟹，但极少。

宋朝人饮酒和后来有些不同的，是总要有些鲜果干果，如柑、梨、蔗、柿，妙栗子、新银杏以及莴苣、“姜油多”之类的菜蔬和玛瑙饧、泽州饧之类的糖稀。《水浒传》所谓“铺下果子按酒”，即指此类东西。

遍检《东京梦华录》《都城纪胜》《西湖老人繁胜录》

《梦粱录》《武林旧事》，都没有发现宋朝人吃海参、鱼翅、燕窝的记载。吃这种滋补性的高蛋白的海味，大概从明朝才开始。这大概和明朝人的纵欲有关系，记得鲁迅好像曾经说过。

宋朝人好像实行的是“分食制”。《东京梦华录》云“用一等琉璃浅棱每碗十文”，可证。《韩熙载夜宴图》上面的也是各人一份。不像后来大家合坐一桌，大盘大碗，筷子勺子一起来。这一点是概合卫生的，因不易传染肝炎。

从汪先生的文章中可以得出结论，宋朝当时没有今天意义上的豪门大宴。

东坡的“苦中作乐”

苏东坡 26 岁开始为官，64 岁归老常州。宦海沉浮 38 年，被贬三次，贬逐投荒 12 年。在被贬期间，苏东坡精神生活是潇洒的，但物质生活是艰难困苦的。按照朝廷的规定，被贬的犯官，除了一份微薄的实物配给之外，没有正常的俸禄薪水。

苏东坡被贬黄州期间专门写了一篇《节饮食说》，贴在墙壁上，作为养生补气的座右铭：

东坡居士自今日以往，早晚饮食不过一爵一肉，有尊客盛馔则三之，可损不可增。有召我者，预以此告之。主人不从而过是，乃止。一曰安分以养福，二曰宽胃以养气，三曰省费以养财。

五代·顾闳中《韩熙载夜宴图》（局部）

短文中有几层意思，其中之一是：如果有尊贵的客人来访，即便摆下丰盛的酒宴，也只是三杯酒、三块肉，只可减少不可增加。

苏东坡在三次被贬岁月中所创造的“东坡肉”“东坡羹”“熏烤羊脊骨”“东坡饼”等也只能是“苦中作乐”，与韩熙载的“寻欢作乐”是有根本性的区别。

据了解，十几年前杭州就举行了“东坡宴”比赛，全国各地的大厨八仙过海，各显神通，创造了众多版本的“东坡宴”。在这里，东坡只是一个借用过来的符号，跟苏东坡本人基本没有半毛钱关系。以东坡和豁达和洒脱，纵使泉下有知，恐怕也不会去跟什么人计较。这里，不过是说几句题外话而已。历史的真相是一回事，后人的演绎又是一回事。而用演绎来掩盖甚至替代真相，也不是稀奇的事。

菜名趣谈

中国菜肴的品种可以用数不胜数来形容，菜肴名称更是五花八门，加上各地厨师不断改造、翻新品种，眼花缭乱也就在所难免了。因此，对于一个优秀的厨师来说，制定菜名是一门很重要的技能，也是一项必备的修养。一般来说，一道菜的名称，不但要让内行人看出“门道”，还要让普通的食客爱上其中的“热闹”。

但话又说回来，究竟怎样对菜肴定名，却很难说出一个“科学”的标准。就总体而言，制定菜名进，这两个原则首先必须掌握:

一是力求名副其实。让顾客看了菜名，马上可以了解菜的特色和全貌。切忌自作聪明，但顾客看了菜名却莫名其妙。

二是力求雅致贴切得体，朴素大方。不可牵强附会，更不能滥用辞藻。否则庸俗不堪，倒人胃口。

就现有菜名来看，定名的方法一般有以下七类：

1. 在主要用料前加上烹调方法：如大煮干丝、干烧明虾、软炸口蘑、清蒸鲈鱼、荷叶粉蒸肉、挂炉烤鸭等等。这类定名方法最为普遍，人们看到菜名就可以了解菜肴的整个面貌和烹调方法，对一些烹调方法有特色的菜最为适宜。

2. 在主要用料前加上调味品或调味方法：如糖醋排骨、椒盐河虾、咖喱子鸡、鱼香腰花、盐水毛豆等等。这类定名方法也很普遍，它重点反映了调味方法，对一些调味有特色的菜较为适宜。

3. 在主要用料加上色、香、味、形的特色：如杨梅芙蓉、芙蓉银鱼、枣红橘子鸡等等，反映了菜肴色的特色；香酥鸭子、挂汁脆鳝、怪味鸡丝等反映了菜肴香和味的特色；兰花鸽蛋、蝴蝶海参、松鼠桂鱼等等，反映了菜肴形的特色。这类定名方法对一些在色、香、味、形某一方面有独特之处的菜肴较为适宜。

4. 用配成菜肴的原料定名：如虾子蹄筋、洋葱猪排、栗子煨鸡等等。这类定名方法突出了菜肴的用料，往往适用于一些主辅料不分，或虽分主辅料但辅料的口味起重要作用的菜肴。

5. 以烹调方法及原料在色、香、味、形等方面的特征定名：如油爆双脆、糟溜三白、清蒸狮子头等。这种定名方法虽不直接标出原料的名称，但突出了原料在色、香、味、形上的特点，从中可以窥见其所用的原料。

清 · 恽寿平《蔬果图册》

6. 在主要用料前加上地名：如东安子鸡、合川肉片、南京桂花鸭，兰陵煒鳝、西湖醋鱼等等。这类定名方法可以说明菜肴的起源，往往运用于有烹调特色并具有地方性的菜肴。

7. 主辅料及烹调方法全部在名称中列出的：如蟹粉鱼肚、梅菜扣肉、西芹百合、鳝筒煨肉等等。这类定名方法很普遍，为一般菜肴所常用，可以从菜名完全看出菜的全貌。

菜肴的定名，不是一成不变的，也不能局限于上述这些方法，可以根据菜肴新品种的用料、烹调方法及色、香、味、形各方面的特点、有关故事或传说制定一个符合这份菜的内容与特点的确切名称。在各大菜系中，从诗词歌赋、典故、成语或者优美的传说中引化用而来的名菜佳肴不胜枚举，有的甚至一张菜单本身就具备了很高的文学欣赏价值，让食客浮想联翩，大饱眼福和口福，平添无限情趣……所谓“三分食物，七分情趣”，就是通过文学、艺术情趣表现饮食文化的博大精深。

俗话说，长江后浪推前浪。不得不说，这些年，年轻的厨师把菜名起得越来越好听，有的还起得非常有创意。从大趋势上来说，创意值得肯定，迎合了现代人“娱乐至死”的消费心理。但正如物极必反，过犹不及。菜名起得越有“水平”，菜谱越让人迷惘，有时候冲着名字点菜，结果端上来的菜却让人哭笑不得！一起来看看网上流传的那些“坑”吧！

1. 穿过你的黑发我的手

听这名字感觉非常的温柔，都想唱首歌《恰似你的温柔》。结果呢，端上来一看，就是海带炖猪蹄。可是好像也没什么错，海带就是黑发，猪蹄就是手啊，也难为起名字的人啦！

2. 绝代双骄

这名字可是响当当的，甚至让人想到古龙武侠小说，那种跌宕起伏，让人热血澎湃！很多人肯定好奇是个啥，点着一盘，探探究竟，原来是青辣椒炒红辣椒啊。这“双骄”与“双椒”，风马牛不相及啊！

3. 火辣辣的吻

还火辣辣的吻呢，想必应该是和辣椒有关，不过这名字也太有意思了，不妨点一道看看到底是啥！原来就是辣椒炒猪嘴，大写的服气！

4. 心痛的感觉

何为心痛的感觉，其实就是一杯 50 元的白开水，怎么样，这真切的感受，你体会到了吗？

……

我与《中国烹饪》的缘分

1980 年，我从江苏省商业专科学校烹饪专业毕业，开始正式从事餐饮工作。也正是在这一年，《中国烹饪》杂志创刊。1980 年，正是百废待兴的时候，书刊属于稀有物品。所以，当我拿到第一期《中国烹饪》杂志时，欣喜若狂，爱不释手。从头到尾，每一篇每一字都认真阅读，而且一读再读，越读越想读，越读越觉得受益匪浅。那种如饥似渴，今天的年轻人恐怕难以理解。

《中国烹饪》杂志是国家商业部创办的专业性杂志，刊名由茅盾题字，时任商业部副部长高修撰写创刊词：

> 《中国烹饪》杂志的编辑同志，要我为《中国烹饪》的创刊写几句话。听了他们关于创办这个刊物的初步打算，我觉得办这样一个刊物对于宣传政策、交流经验、传播知识都是必要的。它将受到饮食业职工和广大群众的欢迎。我预祝这个刊物办得雅俗共赏，越办越生动活泼。
>
> 我愿意借这个机会，谈谈继承和发扬我国传统烹

饪技术的一点看法。

我国的烹饪技术，历史悠久，是祖国的一项重要文化遗产，在世界上素享盛誉。党和国家对这一宝贵文化遗产，采取继承发扬的方针是完全正确的，我们应当认真贯彻执行。我国人民，经过长期的生产和生活实践，创造了精湛的、丰富多彩的烹饪技术，有的现在仍可见之于古籍史册，有的为师徒代代相传直到如今，更多的是在饮食业和民间继续沿用。我们应当积极发掘整理，取其精华，运用现代科学加以总结提高，写成文章和专著，广泛传播，更好地为人民生活服务，为国际友好往来服务。

可以设想，如果能把这份宝贵遗产比较普遍地介绍给我国九亿人民，使每一个食堂，每一个饭店，每一个家庭的烹饪水平有所提高，对于新长征途中的广大群众就是一份可贵的礼物，也是对于“四化”的一项重要贡献。而且，我国的传统烹饪技术，由于它同我国的悠久历史紧紧相连，由于它技艺高超，各路菜肴的色、香、味、形各具特点，就制作的师傅来说是一种创造性的劳动，饭菜花样翻新，卫生合口，既保证了人民生活的必需，也是一种艺术欣赏。所以，我们说：我们的传统烹饪技术是我国悠久文化的组成部分。了解它，接触它，可以增加知识，丰富文化生活。还要看到，我国的传统烹饪技术的宣传介绍和广泛应用，对于发展国际旅游事业和活跃国际文化交流都是十分必要和有益的。我们应当经过坚持不懈的努力，使我国的传统烹饪技术，更进一步成为一种科学，使我们中华民族的子孙后代，都能继承发扬和不断发展这一宝贵文化遗产，并且能传播世界，成为各国人民的共同文化财富。

在继承发扬祖国传统烹饪技术的工作中，希望《中国烹饪》杂志起到重要的宣传、介绍、交流和推动作用。

与时贤空话、套话连篇，不懂装懂唬人相比，高部长的这篇发刊词非常朴实，讲的都是大实话、大白话。既有高度（我们的传统烹饪技术是我国悠久文化的组成部分），也有温度（饭菜花样翻新，卫生合口）；既接地气（使每一个食堂，每一个饭店，每一个家庭的烹饪水平有所提高），也不失豪气（传播世界，成为各国人民的共同文化财富）。

《中国烹饪》杂志 1980 年创刊时为季刊，从第一期开始，就非常注重文化元素在刊物设计中的运用，在给人留下深刻印象的同时，也塑造了自己独特的气质。

第一期《中国烹饪》杂志封面为《宋代烹调刻砖墓像》；封二为齐白石的国画《蟹》、魏之桢刻的两方闲章“中国烹饪”“源远流长”；封三为吴作人的国画《骆驼》；封底为吴青霞、俞子才、张守成、邵洛羊合作的国画《桃花青水鳜鱼肥》（原题如此）。

第二期《中国烹饪》杂志封面为宋代张择端的《清明上河图》正店；封二是茅盾为《中国烹饪》杂志题词：中国烹饪源远流长，要继承和发扬这一宝贵的文化遗产，使之改善和丰富人民的生

《中国烹饪》1980 年 1 月创刊号

活的，促进国内外文化交流，为我国社会主义四个现代化服务；封三为王铸九的国画《葡萄鸭子》，封底为黄永玉的国画《曹雪芹小像》。

第三期《中国烹饪》杂志封面为清代《重华宫小宴图》；封二是启功为《中国烹饪》杂志的题词：四化禔禔增步武，人民乐业前无古，提高生活宴佳宾，术讲烹调菜有谱；封三为李苦禅的国画《秋节风味》图；封底为赵丹的国画《庆有鱼》图。

第四期《中国烹饪》杂志封面为杨柳青年画《吉庆有余》；封二是赵朴初为《中国烹饪》杂志题诗：小鲜大国老聃云，伊尹彭铿善作羹。争似今朝烹饪手，调和百味万方亲。封三为刘继卣的国画《兔》；封底为晚清任伯年的国画《鸡》、印章《恭贺新禧》1981 年年历。

《中国烹饪》杂志 1981 年与 1982 年改为双月刊。

在这两年期间我曾数次投稿，其中一篇文章的题目是《熘变蛋的区别》，讲述扬州“熘变蛋”与江阴“熘变蛋”的区别。

《中国烹饪》杂志 1983 年改为月刊。为了使《中国烹饪》杂志内容更加丰富多彩，体现地方特色，编辑部要求部分省或直辖市分别出一本《中国烹饪》专辑。

江苏省接到任务后，立即成立了编纂委员会，召集全省饮服公司和商校有关专业人士，在扬州小盘谷商业招待所举行第一会议，我有幸参加了会议。

参会那天下着大雨，我早上 4:30 从家里穿着高帮雨鞋出发，另外包里带着一双皮鞋。那时早上没有公交车，更没有出租车，只能步行到常州火车站。下雨天舍不得穿皮鞋走远路，只能带雨伞雨鞋出差，现在想来十分狼狈。但当时激动的心情，至今难以忘怀。

扬州会议上，对《中国烹饪》江苏专辑作了详细的部署，要求每个城市把名店名厨、名菜名点、历史掌故、烹饪史话、烹调技术、美馔佳肴等方面史料挖掘出来，加以整理，展示江苏烹饪的风采。

会后，我执笔为常州撰写了三篇文章：《天宁寺与腊八粥》《金钱饼的特色》《常州名菜——素火腿》，与常州名厨唐志卿联合署名。

经过《中国烹饪》江苏专辑编纂委员会多次审稿，《中国烹饪》江苏专辑终于在1983年7月正式出版。

从第一次读到《中国烹饪》到为《中国烹饪》写稿，我深深地爱上了《中国烹饪》杂志，每到出版时间，我总是盼望着邮递员早点把《中国烹饪》送到手里。拿到杂志后，总是地迫不及待地要阅读几遍——上班时忙里偷闲读、下班后废寝忘食读；备课时翻来覆去读，创新时苦思冥想读……《中国烹饪》就像一座取之不尽、用之不竭的富矿，不断地滋润着我的专业和事业。至今，我依然珍藏着《中国烹饪》创刊号至1993年的几十本杂志，我熟悉其中的每一篇文章、了解其中每一幅插图。几十年来，它们跟随着我风风雨雨，见证着我的成长、成熟、欢欣、曲折，而我也从来不让它们委屈，哪怕缺少一只书角。

《中国烹饪》杂志，我的良师益友。

母亲的糖芋头

过了腊八就是年。农历己亥年底，大街小巷飘散着浓浓的年味。自从四十多年前在江苏省商业学校烹饪专业学厨以来，我见识过的人间美味可谓过江之鲫：“冰糖燕窝”“三套鸭”“蟹黄鱼翅”“金葱扒辽参”“神仙蛋”“白汁元菜”，这是烹饪老师与名厨制作的教学名菜；“文思豆腐”“佛跳墙”“西湖醋鱼”“蜜汁云腿”“叫化鸡”，这是国内餐饮名店的特色菜品；“红娘自配”“太白鸭子”“宫门献鱼”“芝麻飞龙”“金猴献桃”“知了白菜”，这是民间难得一见的宫廷佳肴……然而，这一切无论当时是怎样的绚烂、风光，到现在都已经是烟云，而让我始终难以忘怀的，还是母亲的糖芋头。

一

糖芋头是江南特色民间美食。每逢中秋佳节，家家户户都要烧一大锅桂花糖芋头合家分享。母亲制作的糖芋头，在左邻右舍中是很有名气的，要是在今天，那一定是“网红”：芋头色彩鲜艳，宛如“青花釉里红”。桂花香味淳厚，远远地就逼人而来。端上桌后，芋头酥烂而不失其形，入口细腻而不糊化，汤汁爽口，甜而不腻。相比之下，邻居家的“草根”糖芋头都是“白滋滋”的，煮熟的芋头表面已经“糊化”，汤汁腻而不爽。邻居们私下都在打听，我母亲做糖芋头到底用的什么“绝招”？

其实，要说什么“绝招”，那就是母亲做什么事都很“讲究”，制作糖芋头也不例外。首先要去皮，去皮有两种方法：一是摔，即将芋头装入麻袋不断地摔打去皮。摔也有技巧，用力太重，容易将芋头摔破；用力太轻，去不了皮。二是捣，即将芋头放入木水桶里，用捶衣服的棒头不断地去捣，直到去皮，这种办法比较费工费时。母亲白天要上班，就安排我哥哥姐姐进行初加工。每当这种时候，我们几个小的就在边上“捣蛋”，有时一不小心，把生芋头的黏液弄在手背上，奇痒难忍。

母亲关照，芋头去皮后须用水冲洗干净，晾干后才能改刀。改刀后的芋头块必须大小一致，再用清水冲洗一次（主要冲掉芋头改刀后吐出来的黏液），然后将芋头块平摊在箩筐里让风吹干。那时母亲在糖烟酒商店做营业员，每天晚上八点钟才能下班。中秋节的隔夜，我们七八个姐弟都盼母亲早点下班回家，等着看她怎样将白色芋头变成“釉里红”。

那时的中秋节是不放假的。中秋节当天，母亲起得特别早，待我们兄弟姐妹起床后，一大锅甜甜蜜蜜的糖芋头已经烧好，满屋飘香。我们一边嗨吃一边会问母亲：为什么邻居家的糖芋头“白呼呼”格？我们家的芋头“红堂堂”格？母亲会认真地回答说：芋头焯水时，我是加一点食用碱的。听了这话，我才明白为什么母亲总是强调：芋头焯水一定要等她下班后亲自操作。

三姐嘴快，追问：对面王家阿姨也放了碱，怎么还没有我们家的红？母亲说：放碱是一个方面，芋头焯水成熟后倒入箩筐，不能马上用水冲，必须凉透冷却后，等芋头变成“釉里红”，才能用清水冲去碱味。二姐再问：人家的糖芋头，为什么看上去表面总是“腻呼呼”格？母亲说：这就是为什么，我让你们把改刀后的芋头冲洗干净、晾干。让芋头自己不再吐黏液，然后才能焯水，这样烧出来的糖芋头就不会腻了。

二

大家一边吃一边问，其乐融融。有时，在我们狼吞虎咽时候，母亲也会突然发问：你们谁知道，为什么我们家的糖芋头“桂花味”特别浓、特别香？我们兄弟姐妹大眼看小眼，一个也答不上来。母亲说，我来给你们讲个故事吧。

传说在月亮中有棵桂花树，高五百丈，那里有一个仙人名叫吴刚。吴刚学仙时犯了错，天帝命令他砍伐这棵桂花树，可这棵桂花树怪得很，吴刚每砍下一斧子，树上的创口马上愈合，吴刚不停地砍，树创不停地愈合，永远砍不完。吴刚每砍一刀桂花树，树上就有桂花飘落下来。中秋前夜，月中的桂花纷纷飘洒到人间，起早的老百姓就能捡到新鲜的桂花。

母亲虽然没上过学读过书，但肚子里的传说故事很多。她平时总是教导我们，“做要做在人前，歇要歇在人后”。讲桂花的故事也是为了教育我们“要起早摸黑，勤奋做事”。后来我在学习唐诗宋词时才知道，人们更愿意相信，八月十五中秋节的桂花，就是从月亮中那棵桂花树上飘落下来的。杜甫曾在诗中说，“斫却月中桂，清光应更多”，意思是如果把月亮里的桂花树砍掉一些，月光会更多一些。辛弃疾后来又化用了杜甫的诗，“斫去桂婆娑，人道是，清光更多”。

20 世纪 90 年代前，我家住在小南门城南街 46 号。大门对面有一排 7 间高阁矮楼的大瓦房，住了三四户人家；家左边有几间土坯房，住了两大家子人。几家的区域关系有点像当年的“中英街”，我家属城南街居委会，对面人家属吊桥路居委会，左边人家属东头村居委会。尽管所属居委会不同，邻里之间关系却很纯朴、很和睦：谁家包了春卷，总会给邻居每人送上一根；谁家包了脂油渣青菜馄饨，下的第一第二锅首先会分送给左邻右居。

70 年代前，芋头是凭备用卷限量购买的。80 年代物资逐渐丰富后，芋头到中秋时节前也敞开供应了。我母亲每年提前几天烧上一大锅糖芋头，分送给向她讨教的邻居们品尝，并再次提醒烧糖芋头的要点。“烧糖芋头放桂花也是很有讲究的。”母亲说，“整锅糖芋头离火时节放入桂花，桂花香味是最醇厚的。”

三

对于母亲的糖芋头，我还有一次特别的记忆。

我十二三岁的时候，有一次生了病，母亲让我自己到广化医院看医生。怎么看？母亲说，你先告诉挂号的工作人员哪里不舒服，取号后，到医生那里再说一遍什么地方不舒服。医生会给你开药方，接下来就是付钱取药。

几天后，母亲悄悄地给我一毛钱，让我到街上去买点心吃，奖励我自己独立去看病。我第一次拿到一毛钱，感到自己是世界上最富有的人。当时，一毛钱能买的东西太多啦：两根油条、三块小麻糕（三分钱一块）、一块大麻糕（八分钱一块），或一碗四喜汤团、一碗豆腐汤、一碗甜白酒、几只生煎包……我从广化街走到南大街、从双桂坊穿到县直街，好像能买遍整个点心店。

最后，我在一家店门口停住了。

在县直街惠民桥北桥畔与马山埠转弯口，有一爿不起眼的饮食店，叫“饮食合作七店”，店堂就是厨房，在店门口放几张旧的八仙台，客人都是露天用餐。

店里的工作人员都是解放初期身怀有一技之长的“一统户”，于60年代后期合作成立。店里供应的品种，都是每位师傅的“看家品种”。如裴双胜师傅早年在局前街开汤团、元宵店；蔡寿俊在县直街开蒸饭豆浆、糖芋头、绿豆汤；蒋敖大在大庙弄开麻糕店；戚弘军在小河沿开豆腐汤店。他们虽然文化不高，但供应的各种点心品种很有特色。

我在店门口看到了糖芋头，就花五分钱买了一碗。

回到家中，母亲问我吃的是什么点心？我说糖芋头，她问好吃吗？我答：没有你烧的好吃！同时把剩下的五分钱还给母亲。母亲听完我的话，接过我的钱后自言自语地说：小儿子今后一定有出息。

回想当时情景，用现在的话来说，饮食店那糖芋头是“商品”，

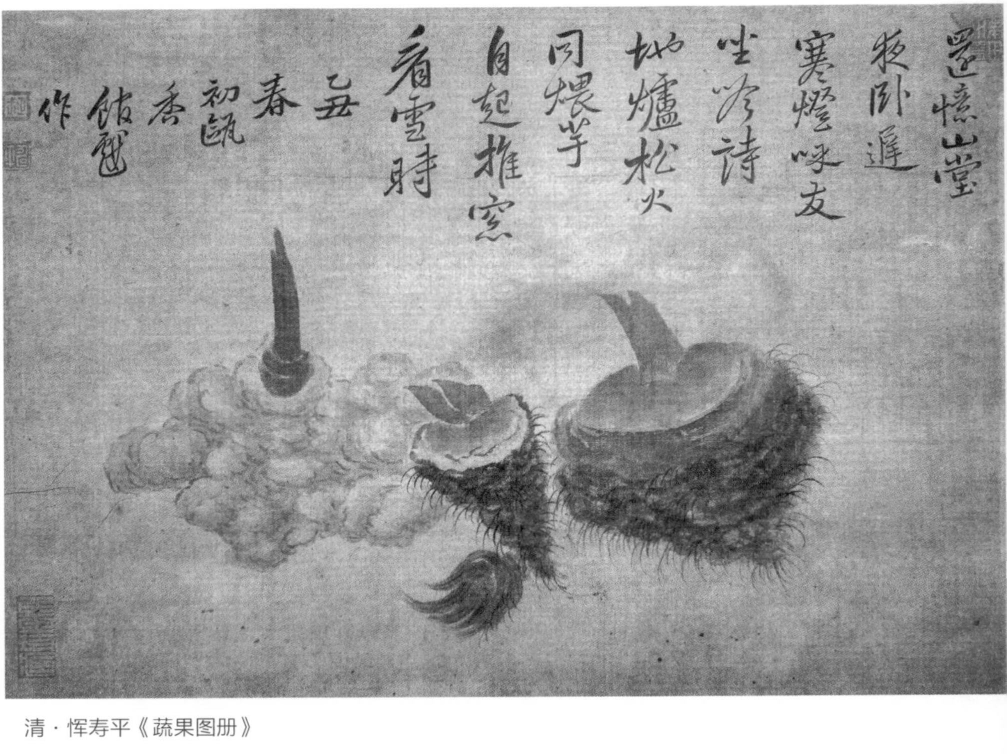

清 · 恽寿平《蔬果图册》

母亲的糖芋头是“爱心”，两者怎可同日而语？

四

母亲心灵手巧，勤俭持家。我们兄弟姐妹8个，父母全月工资合计仅66元，要养活一大家子人十分不容易，平时一天三顿稀粥，而且限定每人两碗。尽管生活艰苦，但逢年过节母亲给全家营造的“仪式感”还是很强的——正月十五有元宵、端午节有粽子、中秋节有糖芋头、重阳节有重阳糕、腊八有腊八粥……

过年的时候，家里特别忙碌，母亲把平时省下的米磨成米粉，由父亲带领儿子们做成各式各样的大团子，如扁担糕、松子团、寿桃团、元宝团等等。做大团子的时候，家里的女孩子是不能参与的，只有做到小团子她们才可以和大家一起动手。蒸出来的第一批小团子，母亲总是让我们放开肚子吃，能吃多少吃多少，不限量。在吃不饱饭的年代，这是怎样的幸福和欢乐！每年的这一天，我们总是尽情地享受着母亲浓浓的舐犊之爱。

做好小团子后，父母还会做一条“土龙”，“土龙”是农历二月二龙抬头当天中午的主食。大团子冷却后，要存放在大缸里用矾水浸泡，春节后才开始食用，一直到清明节吃煎团子才结束。

在艰苦岁月中，母亲总是以积极向上的姿态来鼓励我们每个子女。

记得我10岁生日那天，母亲为我办了个隆重的生日宴。她特地准备了红烧肉百页结、如意菜等，给左邻右舍每家每户送去了一大碗盖浇面，上面有5块肉、3个百页结和如意菜。在物资匮乏的年代，这样做是很了不起的。我兄弟姐妹多（5 男 3 女），我最小，那天母亲在给邻居送面时逢人便说：我小儿子 10 岁了。可能她认为：小儿子都 10 岁了，幸福生活就快了！

这样的生日宴会，也许今天习惯在肯德基操办 Party 的年轻人根本看不上，但对我来说，却没齿难忘。

母爱无声，它是一根无形的线，始终牵着最珍贵的你。

五

母亲大人属牛，辛苦一辈子，自己却没有奢侈的要求。到了晚年，她说想出去走走，看看。是的，世界那么大，应该带母亲去看看。

从二十多年前开始，我带着母亲大人陆陆续续地去过沈阳、北京、香港、澳门、珠海、长江三峡、上海、宁波、杭州、苏州、无锡、扬州、天津等地，饱经风霜的母亲，常常陶醉在名胜古迹和风土人情中不能自已。90 岁那年，母亲提出，想去日本的庙里看看。可我问遍了几乎常州所有的旅游公司，都无人接单，因为八十岁就无法成行，何况九十老人。后来经过多方努力，终于让母亲如愿以偿。在浩渺无际的大海航行中，2016 年 6 月 15 日（农历四月廿九），母亲迎来了 91 岁的生日，我为母亲订了蛋糕，安排了一场西式的生日晚会。闻讯而来的船长、船员和“海洋水手号”豪华游轮上来自 35 个国家的中外游客，用中英文为母亲合唱“祝你生日快乐！”一起为母亲送上最温馨的祝福。一位素昧平生的马来西亚琴师，还专门用钢琴为母亲演奏“生日快乐”曲。当来宾们全体起立热烈鼓掌时，母亲流下了激动的眼泪。

明 · 郭诩《牛背横笛图》

母亲是一位平凡的江南女子，善良、慈爱、无私、温暖、坚强。她没有读过书，连自己的名字都不会写，却努力让八个子女知书达礼；她年轻时受过许多苦难和委屈，却始终向善而生，终遇美好。母亲在 95 岁高龄时，安然而去。“谁言寸草心，报得三春晖”，倘有来生，我们再续前缘。

2020 年 1 月 18 日

代后记

四十多年前，我刚开始阅读《中国烹饪》杂志时，发现一个“奇特”的现象：杂志中许多文章是中国社会科学院的研究员们撰写的，如吴恩裕先生的《曹雪芹和烹调》、王利器先生的《吕氏春秋本味篇比义》、吴世昌先生的《饮食与文明》。同时，许多大学教授、作家、艺术家等也参与其中，如扬州大学邱庞同先生的《陆游诗中的烹调》、中央美术学院常任侠先生的《食谱戏为六绝句》、暨南大学中文系秦牧先生的《赞巧手厨师》等。当时，对于这些阳春白雪似懂非懂，也不明白堂堂国家级的杂志《中国烹饪》，为什么办得如此“脱离实际”？因为在一般的厨师看来，读些介绍地方菜肴的文章就行了，没有必要去看学者们的高头大卷——像王利器先生的《吕氏春秋本味篇比义》，一般的人恐怕连标题都读不明白。

直到 1982 年 10 月，我在《中国烹饪》第 5 期上拜读了一级厨师吴正格的《烹饪事业大有可为》，茅塞才为之顿开。吴先生认为，中国厨师的社会地位低，客观原因是社会偏见，主观因素主是厨师的文化水平低，甚至以“大老粗”为自豪。吴先生特别引用毛泽东的名言“没有文化的军队是愚蠢的军队”，呼吁青年厨师珍惜年华，增强事业心，做一个有文化的、有社会主义觉悟的烹饪专家，用自己的行动赢得社会的认可，促进中国烹饪文化的繁荣。

吴先生的这些话，在当时可谓振聋发聩。“没有文化的军队是愚蠢的军队！”没有文化的厨师何尝不是愚蠢的厨师！值得欣慰的是，改革开放四十多年后的今天，中国厨师的总体素养，与吴先生那个时代已不可同日而语。我特别感恩，在刚刚走上厨师岗位的时候，读到了吴先生的这篇文章，并且几十年来一直引以为戒。吴先生的痛心疾首究竟影响了多少人，不得而知。鲁迅先生说：“我们从古以来，就有埋头苦干的人，有拼命硬干的人，有为民请命的人，有舍身求法的人……虽是等于为帝王将相作家谱的所谓‘正史’，也往往掩不住他们的光耀，这就是中国的脊梁。”吴正格先生在百废待兴的年代，“众人皆醉我独醒”，大声疾呼，身体力行，不遗余力，这正是中国几千年来民族脊梁最可贵的品质。

吴先生的《烹饪事业大有可为》，今天已经不容易看到。谨录于此，以飨同道。

附：

烹饪事业大有可为

一级厨师 吴正格

我觉得，如何进一步提高厨师的社会地位，逐渐消除他们之中的某些自卑思想，加强这个队伍的文化建设，是一个社会性问题。出于热爱这一行，对此，想冒昧地发表一点不成熟的看法和认识。

一次，我同一位朋友谈天，谈到了烹饪工作。当时，我说了一番它是个文化性、技术性和生活性都很强的专业，并举一些例子，证明当厨师的光荣及劳动的辛苦。那位朋友听了，先是莞尔一笑，然后爽直地说："你讲了半天，可惜，社会上许多人不是你这个看法。"他的话，是随便说的，可是，无形中却含有一种威力，使我不由得信服地点着头。

我想，从社会主义观念上来说，厨师的地位是被确立了的；但就社会的潜在意识来说，往往又违背这种观念。在这点上，最能说明问题的，就是青年厨师搞对象。我认识个厨师，是个英俊的小伙子，同一位姑娘相爱，相处两年，姑娘对小伙子说："我不是不爱你，可我忍受不了社会和家庭对我的压力，你要是干别的工作有多好哇！"就这样，一个美满姻缘告吹了，姑娘难受，小伙子也伤心。我还认识两位厨师，三十多岁还打光棍儿。有的厨师无奈，只好找个农村姑娘，长期两地生活。我本身也有这种感受，我和妻子恋爱时，本来是两厢情愿的，待"秘密"

公开后，她却经受了一次巨大的精神压力，身体消瘦，面容憔悴，好像得了一场重病……这都说明，厨师在爱情上遭到冷遇，是来自社会上的某些潜在意识。

社会上有一种轻视厨师的思想，这是事实。可是，我们有些青年厨师做得又怎样呢？有人以大老粗为自豪，整天陶醉在小市民的情趣之中，单纯地强调体力劳动，好像学习烹饪理论和提高烹饪专业的写作水平与他们无关，停留在临灶操作的自足状态，对烹饪工作缺乏一种文化的、科学的和理论性的观念，以经验主义代替烹饪的科学原理，只把烹饪当作一种技术来学习，没有认识到它是一个文化事业，对本职工作缺乏理想和抱负；有的甚至让青春在玩闹中度过，让生命在闲聊中消耗，不去奋斗，不去进取，不去攀登那一座座急待越过的文化科学高山，那么姑娘们爱你们什么呢？到了白发之年，回首往事，碌碌一生，你又如何对得起真切爱着你的人呢？我觉得，这都是自卑思想的反映，是自卑思想在作怪。

轻视厨师的思想和厨师中的自卑感，是一个问题的两个方面。

建国以来，烹饪工作受到党和政府的高度重视，使这一古老的行业发生了很大的变化，取得了很大的进展，这是有目共睹的。在社会主义思想的宣传和影响下，人们逐渐提高了对这一行业的认识，这也是事实。为了继承和发扬祖国的烹饪文化遗产，近两年来，商业部有关负责部门，做了大量的工作。《中国烹饪》已出刊近三年了，《中国烹饪辞典》《烹饪古籍丛书译注》已经开始编写并将陆续出版；“名师、名菜录相”工作也正在全国各地进行；江苏省商业专科学校在筹办烹饪系；黑龙江商学院也正在编写《中国饮馔史》……这都表明，这个行业有一个新的崛起。但是，我国的烹饪工作要想突破现状，成为具有高度文化和高度科学水准的专业体系，重要的是应采取一些变革措施，加强厨师队伍的文化建设。我常想，日本和某些国家的大学毕业生可以当厨师，我们被外国人称为“烹饪王国”，为什么不能培养一些大学毕业生的厨师呢？高教部能否开办一个“中国烹饪学院”中国社会科学院能否开办一个“烹饪研究所”呢？厨师要有自己的研究生、研究员和教授。我曾在《中国烹饪》编辑部工作过一段时间，有幸拜读了各地厨师的热情来稿，但是具备发表水平的太少了，“茶壶里煮饺子，有嘴倒不出来”，缺少文字表达能力这是文化水平的关系。我们都认为，烹饪是“祖国宝贵的文化遗产”，而我们厨师的普遍文化水平又是如此，这种状况需要改变。这使我又联想到一个问题：一个外科医生，为患者开刀破腹，手术成功后，可以写一篇学术论文；但是一位厨师，为顾客烹制菜肴，积累了经验后，却很难写出一篇技术论文。这是文化上的原因。医生大都是大专毕业生，厨师却享受不到这种文化待遇。这个问题，是一个社会问题。人们对厨师职业的偏见，在一定程度上，是否也基于此因呢？

我国烹饪技术的实践者，是多么缺少文化啊！

从烹饪事业的发展看问题，在现阶段，我们期待从事烹饪理论研究工作的同志，到厨房去，和我们一起拜老师傅为师，掌握实践经验；从事实际操作的同志，应该加强文化理论的学习，努力使自己的烹饪经验能用文字较深透地表达出来。在烹饪专业上，炒菜的只管炒菜，写文章的只管写文章的现象也该逐渐改变。只会写文章的烹饪工作者和只会炒菜的烹饪工作者都是有缺欠的。这种缺欠，随着烹饪事业的发展，将会越来越明显地表现出来。

当然，有了烹饪实践，才会有烹饪的历史，才会有烹饪著作，才会有烹饪的理论和烹饪艺术的发展。但是，只有实践，没有文化，烹饪工作照样停滞不前；“没有文化的军队是愚蠢的军队”。因此，具有实践经验的厨师努力提高文化水平，做烹饪文化的主人，使烹饪文化服务于烹饪实践，是我国的烹饪事业兴旺发达的一个重要标志。

一些青年厨师产生自卑思想的社会原因，固然是中国几千年的封建历史造成的；轻视厨师的习惯势力和陈旧观念在今天所以还有所存在，除了阶级性的思想原因外，还有一个重要原因，就是烹饪工作在人们的意识中，只是一个普通工种，说它是一种文化事业，未必受到社会上的普遍承认。而事实上，我国的烹饪事业，早已走在世界前列，而由于从事这种工作的人们文化水平的缺欠，使这一事业大为减色。我国某些其他行业的发展，距离世界水平还有一段差距，但社会上却普遍承认它，这是因为从事这些行业的人们的文化水平适应了本行业的发展。因此，我认为，中国厨师的发展，应该走文化和技术相结合的道路。

我同一些青年厨师谈心，有的人认为：“学习文化我赞成，但学了文化有什么用呢？况且一天又很忙。”是的，厨师的工作时间较长，又很累，能抽出时间学文化是不易的。但是，如果对烹饪工作有一个强烈的事业心，就会意识到学文化的重要性。单从个人学习烹饪技术的角度来讲，有了一定的文化，可从烹饪书籍上学习很多知识和经验，业务上的进步就会快些。在烹饪上，用得着文化的地方太多了，如烹饪理论的研究，目前还是个薄弱环节（有些地方甚至是空白）。有人把叙述烹饪的文字的东西都当做理论（如烹饪教材、菜谱等），这是否得当？烹饪理论指的是对烹饪技术的评论和研究，是用科学的道理去促进不断发展着的烹饪技术，如对名厨师技艺特色的总结和探讨，对某一烹饪技术的论述和见解等。我觉得，我国烹饪界目前缺少的正是这种理论研究，这种理论研究是紧紧依附于烹饪实践的，重要的问题是厨师的文化水平跟不上来，这是不是烹饪工作向更高水平发展的一种障碍？再有就是写菜谱问题。目前出版的菜谱都是秀才们写的；无疑，他们对烹饪工作的发展做出了很大贡献。但是，要想把菜肴的操作方法写得更深透、更准确，写出心得体会来，写出技术上的“小过节”（这往往是关键的地方），写出技术要领的微妙处，非得厨师们亲自动笔不可。要想达到这种目的，没有一定的文化水平是不能胜任的。有志的青年厨师，要想有所作为，除了刻苦学习烹饪技术以外，还必须同样刻苦学习文化，并把学习到的文化真正变成自己的东西，变成用文字表达和论述烹饪技术的本领。

祖国的烹饪事业，是一个具有高度文化和技术特色的事业，是一个大有可为的事业，它像一座矿山，远未开发出来；即使开发出来的“矿物”，有些也是粗糙的，还未经过“淬火”和提炼。有志的青年厨师，除了继承老辈厨师的宝贵经验外，还应做一个挖掘祖国烹饪矿山的开拓者。

青年厨师们，珍惜自己的年华吧！增强事业心，做一个有文化的、有社会主义觉悟的烹饪专家，用自己的行动赢得社会的承认，促进中国烹饪文化的更加繁荣。我深深地感到祖国的烹饪事业大有可为。

（原刊于《中国烹饪》1982 年第 5 期）

《中国烹饪》杂志

附　一

平民百信

目 录

我有一个习惯：不轻易扔掉“没有用”的东西。比如，书信。

信札在中国产生很早，《淳化阁帖》中保存了大量晋唐人的信札，从家国大事到家长里短，无所不有。著名的陆机《平复帖》，也是信札。这些信札，今天的人读来虽然有时似懂非懂——“省别具，足下小大问为慰。多分张，念足下悬情，武昌诸子亦多远宦。”（王羲之《远宦帖》）——但魏晋风度隐然可见，字里行间的情感温度也触手可及。

1986年，我受公家委派，赴沈阳参加中国商业部举办的宫廷菜培训。半年时间里，忙里偷闲，与家人、同事、学生和单位领导鸿雁往来，写了不少书信。三十多年来，我小心地保存着他们的来信，至今还有近百封。

在这些信件中，有餐饮行业前辈的鼓励，有领导同事工作上的交流，还有学生们得到我帮助后的肺腑之言……尽管这些书信语言朴实，讲的大多是“鸡毛蒜皮”的碎事，有的甚至还语句欠通，错字连篇。但是，它们是那个年代人与人之间的真实感情，也是我们所亲身经历的真实事情。不能说这些就是历史，但有朝一日，后人如果想要全面了解那个年代的常州餐饮业，这些的碎片，或许有助于真相的还原。

陆仁兴于味园养和堂

2019.9.30

1

陆老师您好！

你的来信即（及）《中国宫廷菜》一书均已收到。勿念！谢谢老师对我们的关心。我尽量努力工作，老师历次对我讲话我都记住。让常州技培中心的工作在金坛同行业中有所影响，这是我们做学生应该做到的。

从信中知悉，沈阳的学习生活极其艰苦。生活费用及开支大，这也说明学习手艺是极不容易，并要付出很大的代价。不过为了以后的工作，这是必须走的路。一是能影响老师以后的工作，二是为了以后能有更多的可能性或机会摆在老师面前。我看这一点是很重要，一个人一生的机会是很少的，而机会的浪费或者错过是最大的损失。老师在外学习期间身体要多保重。一切靠自己，如果有什么需要或欠缺，望尽管来信金坛给我，我尽力去办。

祝好！

学生嘉康

四．二十九

2

陆老师，您好！

来信和书我都一一收到了，望放心。

多蒙老师能在百忙之中抽出时间，并给我们寄来了内部资料，老师你的一片盛情厚意，我从内心表示感谢。提笔首先表示我对老师的亲切问好。

阅信后，深知老师在沈阳的生活艰苦的处境，俗话说“出门在外，宿舍在先”。但是一切都没有满足老师的要求，我也深感遗憾，远离千里，不能前来探望，特望老师自己保重。

回想我在常州学习的过程，一切历历在目，多亏了老师的亲切关怀和帮助，是（使）我取得了一点成绩。但我这个人不会客气，更不会讲那些客气话。老师一次又一次给我寄来的书和资料，我也毫不客气地拿下，也没有更多的语言及礼物来感谢对老师的一片盛意，特望老师谅解！

我的情况简单想（向）老师汇报一下：我已经从金沙饭店到西门饭店，和于加康在一起。因为金沙饭店周加强（经理）任主任，后因出国，当时没有主任，领导要我当主任，我没有同意，所以就让我到西门饭店。昨天领导又找我谈话，要我去金沙饭店任主任，我现在思想比较激烈，我向领导要求于加康和我一起去金沙饭店，领导不同意，现在该怎么办？望老师给我作个主意，做个参谋。

有时间请老师来信，时间关系，言不多说。

祝您学习进步，身体健康！

学生韩世红

86.5.1

3

陆老师：您好！

来信收悉，得知你一路平安一切均好抵达沈阳且其他一切均好，颇感欣慰。

此次，你幸蒙深造，且有许多名师指教。待学期结束而归来，技术定是锦上添花更上一层楼了，作为学生却为您的幸运而高兴。

一点小薄礼微不足道，何谈厚礼！实使我羞愧，望勿介意。

分别虽短，但颇有念意。说实话与您虽只九月的交往，然你对我的事业的启蒙教导姑且不谈。但是社会的人情世故的社会知识却是获益不少。你是我生平最敬佩的人，师生渡名，实是良师益友，真乃相见恨晚！

前一程由于忙着省十一届青少年举重比赛，已经三县一市的练功会议的后勤接待工作。以至你的信到昨天才收悉，未能及时回信，敬请谅解！

目前我仍接待筹建工作，工作起来好些人毫无头绪。陆老师有何高见，望不惜指教，在下不胜感谢！

桃李春处，我们几人也时常去，一切似乎还不错，我和苏建成相处得很好，相互彼此都很信任。至于店里的情况大概他会如实告诉与你的吧。

我姑父出差在北京，使你几次未遇，待回来后再度相见吧。

内人和孩儿一切安好，谢谢您的关怀！

此礼

王保泉敬草上

5.24

4

陆老师，你好

学生蒋林峰9号去常州办事，到桃李春看望老师，因星期天老师休息，我回溧阳了，本月老师来溧阳，我这个做学生（的）开水都没给老师招待，非常惭愧。请老师原谅。时间过得很快，记得去年这个时间，我到桃李春学习已经一年了。

我在桃李春培训期间，多亏老师精心教导，使我从理论上、实际操作和自己文化学习上都有很大进步。我永远忘不了老师对我恩重如山，我今生今世报答不尽老师恩情。由于我小时候家里生活困难，上不起学，读到四年级被迫停学，十五岁和朱洪福、万俊生一同进饭店学徒，主要平时少看书，加上受文化少的苦，理论基础差，上次镇江地区考核主要理论差，没有考取。

常州市饮服公司中级业务技术职称考核理论不及格，实际都无权参加。这次1985年4月参加三级厨师考核，自己出了再大努力还不理想，分数不算太高，自己也知道，我有时候老想自己工作三十年，年纪四十四岁，和同一参加工作都是一级厨师和二级厨师，自己连个起码三级还没批下来，还不知道有还是无。我天天睡不好觉，如果别人批下来我怎么办，我的脸往哪放。

我也听说陆老师四月份要到北方进修，我这个无用学生还要麻烦老师回信，总之，我还求求老师帮我多讲些情况，我全家一辈子感谢不了老师恩情。请老师回个信使学生放心。祝老师身体健康。

回信：溧阳群众饭店

学生蒋林峰

3.9 上

5

陆老师，您好！

分别将已有两个月了，不知您近来的情况如何，很是想念。上月收到您的来信，知道了您的情况，我在今天才提笔给您回信，请多多原谅。

我在常一切多（都）好，请您勿念，您帮了我的职称问题的大忙，我不知道如何感谢您才好。在今后还要您帮忙，时间过得很快，再过了三到四个月，您要回常。你的理论考试要结束了吧，现在是应操作吧。我想您在学习中紧张得很，在生活较多艰苦，要好好注意自己的身体，您回常之后请你帮忙。我到您店里去，请您教我学技术。上次我到您家里去了，看了陆师母，在家情况一切都（好），请勿挂念。因我文化水平有限，不到之处多多原谅，注意保重身体。

再见！

祝学习进步。

学生朱一平草上

1986年6月12日

6

陆老师，您好：

来信已于19号下午3时上班时收到，信中情况已详，虽说分别一日，思念之情，见信后更甚。

为何于29号接信？因店里分批去杭州瑶琳游览，由于组织者王春芳的疏忽，未过问汽车的状态，在回家途中，全车人员险于一旦。

汽车本属于大修之列，但厂方只顾赚钱，沿途时常抛锚，在回归途中，浙江长兴县境内，驾驶员见天已黑，四小时修理后仍（是）原样，就违章法使用真流油，发动汽车。电火花溅在汽油上，立即在车内燃成大火，车上全部人员（我家三人）惊慌失措。纷纷敲窗跳车。狼狈之状，惊吓之苦，今生难忘。时值晚九时，全车人员，荒野之中，饥寒交迫，在这困境，我当机立断，挺身而出。受小高委托去县城（12公里）求援，总算找见客运站长，好话相求，于午夜2时半，到达常州。（遇）难之时，人心好坏，是非曲直，全部可见。皮肉之苦，数日后看来都不能恢复，能返家，就是万幸之事，后话来日叙说。

“学海无涯苦作舟”，此话中苦有双重之苦，求学之苦，生存之苦。见到老师您的来信，思绪万千，由于地方、生活习俗的悬（殊），给老师带来了不便，在这困境中，想来陆老师要付出代价才能应付，出门生活上的艰难。到此时，才知它的分量。在信中，我对老师表同情之意，望老师信心百倍，忍受一切苦难，学成之后，荣归常州。

见您的来信，学习约于9月中旬结束。届时全家去北京游览，机会难得，十月金秋，枫叶红透，香山风光万千，由于游览人多，食宿将会不便。您的来信，我已给我的父母看过，答应去信北京，到时候相助。我在写完给您的信后，也就着手去信北京了。约定，防止届时三雄弟出差、开会等意外之事，具体情况，要通信后，方能知晓然后才能来信告知与您。

时值农村农忙，再加上出摊的店过多，店内营业同去年同期相差太远。另外王春芳显得忙不亦乎。另外，约在本月15号公司派原旅游业的陈团英（女，35岁左右）任天宁区管委会主任，马步松副主任。

您的来信，我已告知兆关、国才，他们均表示谢意，祝老师平安，学习优秀，在此信中一并致意。

由于工作平淡，也无重要事情。技艺的提高，顺在老师的教诲，自己的勤苦下，本能有所提高。工作中积极上进、善于团结，才能取得同志间的谅解，自出校门，虽作努力，收获甚多。只要锲而不舍，必将种瓜得瓜。

陆老师，由于您的学业紧张，再加学习条件艰苦，未能有更多的时间来一一写信告知领导、同志、学生，来影响您的学习。写信之事，我定能谅解，我最大的心愿就是祝老师克服困境，学习优秀。

由于难得写信，语句文字生疏，望老师原谅。

就写到这里，下次通信再见。

祝

老师

康泰

学生周之浩草上

86.5.20 上午 10 时许

7

陆仁兴老师，您好。

来信已经收到，我们三人一切都好，殷龙已经出院，身体基本恢复健康，现在家休息，请勿挂念。

我以 5 月 14 日调卸肉间工作，因学习日语，每星期有三天需占用上班时间，长期下去肯定有烦恼的事情，我与领导商量数次，是否可以调一个适当的工种，他们也觉得这样下去不行，所以同意了我的要求。大约在20日左右我们日语班要进行（期）中（测）试，说实话，学习外语真难，目前已有点跟不上，但还是坚持去上课。

近阶段店里生意还可以，唐好像又起劲出来了，整天转上转下，如发现一点什么就鬼叫。（自）从实行夏时制开始，头几天大清早拿了一本考勤簿在门口考勤。如有人迟到，就被他痛骂一顿，他规定迟到15分钟扣奖金0.5元，迟到1小时以上扣奖1.00元，1小时以上扣奖4元，几天一过，结果他自己也迟到了，这人真有点好玩。但大家都不与他烦，都不理睬他。

好不多说了，如有时间请写信回来，我们三人都非常想念你，特别是殷龙，你来信前到我这里问了多次。基于得知你到沈阳的生活、学习情况。另外，本来说要寄香烟给你的，则因常州烟草公司现这（只）有北京牡丹，无沪产的，搞了多时也没搞到，请原谅。今后一有就托寄过来，下次再谈。

祝

好

小 平

5.13

8

陆老师，你好：

转眼分手一月之久，常盘音信，今特抽空复信与你。离常那天，赶到火车站，好不容易闯入进口，因时间紧，外加心切，当去沈阳列车起（启）动，方知找错车次，只能站在自来水台架上挥手送别。这一切也应怪罪电台搞什么采访不采访，耽搁了时间。列车离去后方见到老唐等送行人员，真是遗憾。

在来信中，得知你学习得很好，有这么多的专家任教，真使我感到羡慕，望能在今后的路途中，得到你的帮助。学习班的培训期间，的确，你为我们化了很多心血，使我们无论在理论上和工作实践中，多有了较明显的自我感觉；特别是在百忙中还抽空为我们的职称奔波。目前厂里对我们也很关心，有关教育科、组宣科还特询问我的等级（考）评问题，当然我们也拿不出有关文件，一些书（报）费等经（津）贴暂时也不去过问，待以后有了统一规定再说吧。

近段时期为了购买钢琴，我私人出访到上海、宁波，结果后来托人买到了广州产的“珠江牌”钢琴，全国统一的常州进一架，化（花）了三千多人民币，总算如意。前天已经到家了，近几年的心血，一化而光，为了下一代，为了丰富的家庭生活，一咬牙也就过去了。

目前我对自己的业务学习也抓得很紧，望能在有可能的情况下，帮助我们收集一些烹饪的资料。天气已近夏炎，望你保重身体。我准备在下月初寄一些茶叶等其他饮料去沈。刚购回钢琴，家中来客较多，草之书信，与你暂时搁笔。

祝你

一切好

小　陈

86. 5. 28

9

仁兴同志：如握！

五月六日收到你的来信，得知有关近况，甚念！时间真快，转眼一个多月已经过去，想你目前正在艰苦地生活，紧张地学习，又要和老师同学们处好关系，特别是在遥远的东北，自己必须注意多多保重身体。

这次你荣赴沈阳深造专业，从各个方面来讲都是一次极好的锻炼机会。学业就成，必将促进和推动我市的烹饪技术向前发展。故吃点苦，经济上多用一些当在理内，这点相信你在去之前已做了思想准备。古语说得好“有志者，事竟成”，相信你会去克服种种困难，获取优异成绩。四月下旬收到刘国钧的第二封信，他和翟启纯在武汉学习也很为紧张，生活上苦得几乎要掉眼泪，据讲他们那里将要比原学期提前结业。徐永昌带领的一班人在北京长城饭店已经开展了工作，但也有矛盾，主要是与香港师傅有点同行妒忌，好来香港师傅6月分（份）将要结束工作，最近我的工作如常，请勿念！简略几句下次再通信。

顺致

学习顺利，身体安好！

唐志卿字

5.9

10

陆主任：您好！

时间过得真快，转眼就近二月未见甚念，今天接到来信并有沈市地址，给我复信提供了方便，最近技培的情况恐已知道了吧！现就变化的一些叙述一下：一、公司决定要撤掉爱的美照相馆，前几天周、孙、华三位经理来商谈过，我们的意见是要撤就一撤到底，或照相仍划归技培。后得知照相中心想撤掉爱的美，保留影场，暗室给陈锡林同志做培训实验用。照相工场想做照相中心办公室（讲是讲临时的），陈仍属照相中心领导，简而言之，即撤店不让地方。我知道上述消息后立即赶到经理室向他们再提出我们的意见，并据理力争，向三位经理周谈了一下，去商业局开会，孙、华二位一直听我们的申述。我们理由是上级一再强调要加强中级技术培训工作，公司并有计划要办旅馆服务员培训班，和门市部主任学习班，因此如撤爱的美理应首先充实教学场地，照相工场应做教师之用，影场可充实桃李春为市场服务（空调与装修留下），另教学场所和饭店不能人员太杂，如照相来办公，靠近拣菜场地和厨房有诸多不便，特别是安全。至于照相办公地方的问题，顺其临时用用的讲法，我建议在照相行业内部介（解）决，并指出向阳照相馆二楼顾客休息室有几十个平方米的地方足够他们几人办公室用。华、孙两位听我陈述之后就立即去我所介绍的地方去现场观察了，华经理并说我们所陈述之词有道理，说是这样说的，但不知其内心如何。据侧面了解，华有倾照相之心，孙因技培是其直辖之故，估计不会有倾于照相。

总之，这方面我们绝不会退让，因一进来之后要出去就难了，这次红脸我是做到底了，除党委作强迫命令外，我们要坚持我们的意见，这事你意如何？现尚未有回音。另从来函中知你学习工作繁忙，生活非常艰苦，希你多保重身体，上述事等有具体说法，我再告知。另第二期白案培训班现正值期中，趁上海南市区邀请，苏、锡、常点心表演（城隍庙），公司由周经理、蒋焕清科长等带队以广化饮食为主体的代表队去沪参加表演，于本月十三日举行开幕式。因此，白案培训学员由孙书根书记，殷、周等老师带领去沪参加开幕式和参观。公司本届工代会与职代会已于昨天开会，我们技培代表是孙书根、王汉云、周惠娟三位。这会大约于本星期五结束，主要是产生新的工会委员会，通过行政的工作报告和八六工作计划。

桃李春近来从经营、人的精神面貌方面尚可以，现正在积极搞冷饮，已购了一只两千余元的会喷水的冰箱卖（鲜橘水）专用，并商调一个工会的卧室冰箱，存放冰砖雪糕用的（尚未运到）这冰箱可能从银丝面馆调来。

前几天刘振东书记因其中有困难，不再来店了，周熊生师傅本月亦想辞退了，应殷、周同意帮助解决桌菜、点心，昨天，常饭接到四百元一桌的点心，都是殷师傅做的。即草草搁笔，再次希你注意身体。

并祝你

学习顺利，身体健康

办公室同志均向你问好

成章谨致

1986.6.11

11

仁兴，你好：

来信收悉，信中一切知悉，一别已来已有二个月了，在外地学习想来得益甚多，一是可学习到沈阳的教育经验，二是可学到烹饪知识，三是可学到外地特点移来常州。今年时间已经过去了三分之一，还有三分之二，四个月时间就要结束。这个机会难得，是组织上对你的信任和培养，在学习期间尽量争取学习祖国烹饪知识，做些研究探讨，学人之长，补己之短，去粗取精，去伪存真，把别人的知识吸取提炼，成为自己的知识，这就是成果，回来发扬光大。这次学习肩负的任务是很重的，也相信你能够完成，达到领导的要求和全公司的殷切期望，把常州的烹饪水平提高一步。

技培中心的任务是很重要，要求也是很高的，它在现有提高行业员工素质同时又负起了桃李春的经营任务，目前的性质来看，桃李春上半年1—5月份完成利润达11600元，超过去年全年利润水平，营业也是上升的，公司整党作为一项整改成果，但该店人员素质、经营品种、时间等方面都存在一些问题，基础较差，最近听公司领导讲，可能要把爱的美撤销，也可能让桃李春独家经营，照相部要想作为办厘米基地，我和吴主任已经在经理室谈过我们的想法，一是保留现状，二是归桃李春独家经营，专搞经营培训，不能让照相部作为分基地，三是归技培作为培训和经营，公司尚未有正式答复，据传说要把爱的美拆掉。

中心工作较多，刘书记由于家庭牵累订（停）了下来，不能到店。

吴主任近来因天气不好，脚病又发了，从你走后，老吴还是一直坚持工作。王汉云同志比过去忙多了，我们尽一切努力，支持你学习，听你的好消息，并请你转告袁茂红、刘国钧等同志，希望他们也都能学好，取得结业时好的成绩，向党委和领导汇报，向行业职工汇报，你在通信时要给个多鼓励，要他们每门功课取得优良成绩，多争取一些收益。

白案培训班第二期已到期中，学生是19名，本行业17名，殷全（泉）生、周文荣同志工作是负责的，学员性格也较好。第一期培训班结束，学员回去后能把学到的品种搞展销，得到行家好评，公司领导也较为满意。第三期要待第二期结束后再议。

红案班要待你回来再谈，要求很多，如大成二厂有很多人要求培训学习。如和永昌通信，请给我问好，王老师他有几本书要寄给你。

抽空写封信给党委和经理室汇报一下，去学习后的学习和想法，思想情况，去后的学习收获、内容，今后的打算等，以便领导了解。

祝你

学习进步，身体健康

技培孙书根上

86.6.16

12

陆仁兴同志：

你好！来信收悉，迟复为谦！

购买哈士蟆油所需款项我已关照张会计如数汇来，介绍信随信附上。祝愿你以优异成绩结业，归来旅途愉快。

根据公司党委八月初的人事安排，技培中心更名为教育技术培训中心，全面承担原来教育科的职责，同时撤销支部建制，重新作为公司的一个科室。孙书根同志已调公司任监察委员，我被调来教育中心和你一块儿工作，今后同舟共济，还望多多关照！

来中心已一个星期，熟悉一下情况。做些调查研究，中心的培训工作暂做如下安排，白案在二期结束后一直轮空，现已叫周、殷两人全面统计各店应训人员数，造出白案中级轮训的全面规划，作为第三期开办准备。孟、朱、谈等老师规划旅馆服务员中级轮训，争取下个月能开办首期轮训班。红案规划有待你回来后再做打算，其他工种培训还在设想中。

桃李春工作有些不妙，何耀祥公司已决定调去十六中任教，暂时由苏建成全面负责。中心和店班子同时又变动，造成了一定的混乱，内部较散，生意做不上，靠点心卤菜维持每天500元营业，前景不容乐观，加上我是外行，办法也不多，目前采取的措施是一面整顿内部各种制度，职责到人，一面在经营上有所突破，热炉月饼等及时上马。因而，十分希望你能早日回来，稳定局面，开拓经营。

局里派来一名烹饪大专生，叫刘东敏，22岁，从你的母校毕业来的，看来实践很差，他主动要求下饭店实习。现我已叫他在桃李春跟班。今后使用等你回来后再做打算。

中心其他同志叫我问你好！

祝学习进步！

徐森年草上

8.16

13

小陆：你好！

来信收悉，现将书二本寄给你，收到后来信告知一声。

转眼已有二月余，这次学习真如孙书记所说，机会难得，重任在肩。学人之长，补己之短。不断丰富、充实、提高自己的烹饪理论知识。袁茂红、刘国钧二人一直没有信来过。孙经理也问过，叫他们给经理室写封信，汇报一下学习情况，这也是一种礼貌。

桃李春近年来的经营情况，张树森统计出来，比去年同期有较大的好转。对此经理室也较满意。但是六月、七月天气变热，营业要减少。从供应冷饮来增加营业额，已经买了一只喷泉式冷饮机，还准备由公司调拨一只棒冰箱。

前几天苏锡常、镇江到上海参加名特点心大会串，很是热闹。公司法书记、孙经理和饮食科派人参加开幕式了。常州有四种点心：小笼包、大麻糕、蟹壳黄、银丝面。白案培训班学员也由孙书根带队到上海、苏州二地参观学习共三天。

红案培训有些外单位的人都来问过，看来还有一定的潜力。

胡主任近来身体一直欠佳，三天两天地休息，照相的工作可能要全部划归照相支部了。关于爱的美的事情，公司经理室意见也不统一，到目前还没正式定下来。

你的奖金，公司按外出学习发给，五月份开始每月 10 元，我都交小韦转给你爱人了。

祝

学习进步

王汉云

1986. 6. 17

14

仁兴，你好！

你的两次来信都收到，感谢你对我的关心。本应早该回信，一方面我想等二期白案班结束后给你汇报一下情况，另一方面自己手懒，请原谅。

二期白案班于7月18日已全部结束，效果看来前期学员比较正规，二期稍许差些。第一期20人，第二期19人。第一期收培训费1950元，开支1455.27元，结余494.23元；第二期收培训费3200元，开支2270.93元，结余929.03元。关于桃李春营业情况，5月份营业24119.19元，利润2404.49元，职工平均奖金24元。6月份由于淡季，营业14480.57元，利润287.21元，职工平均奖金5元，7月份预计能做16500元，不会亏损，预计职工奖金在15左右。这两个月我也是比较担心，孙书记也为桃李春出了不少力，但也扭转不了多少局面，这主要是何耀祥有思想波动，不安心做门市部工作，或许说对有些部门有偏见。这是我个人的看法，应该说6—7月不亏损，这是不幸之大幸。

据悉：何不想做门市部主任，并向领导提出三个不合乎情理的条件，大意是：1.85年3%工资升级要有他，2.要解决住房问题，3.工资、奖金在公司拿。孙经理对他三条意见很为不满。但据讲8月份何将调离桃李春，到十六中任专业教师，因今年公司又招2个班级需要专业教师，桃李春下任负责人不（还）没有明朗化，也许会成为事实，但工资关系不知如何处理。这也许是一种策略罢了。这是孙书记及何本人都与我讲过以上情况，供你参考。

6月1日起原来张燕生的支票印鉴已不用了，换了你的印章，关于我的调动问题，现正在积极办，前阵子由于城乡委组织科长病假，故拖下来了，但愿能成功。你对我的帮助，内心表示感谢，友谊是永存的，望你圆满归来。如有情况我再来信告诉你，你回来之日请先告诉我日期，我来车站接你。

祝你

一切都好！

张树森

86.7.27

15

仁兴，您好。

来信已收到，你在入学考试水平发挥得较好，望你在短短的几个月中学习回来能在行业中做一个佼佼者。

白案培训班在4月29日结束。三十多年来，在你的苦劳中饮食公司第一次对点心重视。沈经理对第一期培训班比较满意，并同意我俩到镇、扬、南通三地走访学习，准备再开办第二期。来信后未能马上回信，望你谅解。现在学习班一切正常，请你放心，不必念。

桃李春还是桃李春，还是如此这般，不死不活。书记忙于整党，王老师忙于事物，老吴是三天两头病假，桃李春主任有气无力，难难难。

由于写作水平有限，文字不能表达草草几字，望你谅解。你在学习期注意身体。

祝

学习顺利

殷泉生

86.5.26

16

仁兴友：你好

时间过得真快，一转眼分手已一月多，很是想念。来信已收到，因这几天杂事比较多，没有及时给你来信，还望你谅解。

出门在外看来各方面都不太习惯，还望你保重身体，如有什么困难须（需）帮助解决，请来信告知。

自从你13日离常后，15日培训中心开了碰头会，把桃李春菜馆部分人员作了调整，尹水保调做煤炉，张俊做副墩头，沈刚进卤菜间跟我做，小闵调出做副墩头，这几个小鬼看来问题不大，就是尹有点牢骚话，反正也没人理他，就当他放屁吧（叫尹上煤炉是我提出的）。看来他根本不是做煤炉的料，一个星期后便病倒了，休息至今还未来上班。今天何去他家送奖金，一同问他是走还是留，何来后说他不在家，看来他在外面开“小差”捞外快吧。其他人员基本各就各位，全店考合（核）现在由我负责。四月份营业2万3千左右，毛利正常，职工奖金平均28元。自从泉生出来任教以来，点心间问题一天比一天多。营业一天比一天差，每天营业额只有三四十元，连发工资都不够。从五月开始，点心间除陈常丰外，其他几个人连伙食也不吃了。（听说是韦出的主意）连我与何都不知道此事，并经常有人反映点心间有人连吃带偷之事（主要是韦建中）。看来再这样下去，后果就很难说，全店上下职工对点心间的意见很大，尤其是对韦建中，如果他再这样发展下去，看来是凶多吉少。

白案培训班在考试期间，桃李春搞了四个下午展销（24—27）营业额每天 150 元左右，品种 40 个左右，这次展销影响比较大，公司还组织人员前来观看。今年五一节前后酒席一般，计 80 桌左右，顾客反映很好，货源还是由我负责。

另外听说张树森准备更换桃李春印鉴，一个是你的，另一个是何的，支票上换谁的还不知道。

第二期白案培训班已在 15 日开学，学期为两个月，到 7 月 15 日结束，收额为 75 元一个月，计 150 元一期。

沈书记近日一直在整党学习，听说在整党结束后，公司再做调整，其他没有什么多大变化，还和你在家时一样。下次来信再谈吧。

另：小杜、小夏向你问好，如有什么好一点的烹饪资料请帮助搞一点。

友：苏建成

86. 5. 19

17

仁兴，您好！

你来信快两个月了，我也没有写回信，实在有点失礼了。我是从来不拿笔的，望见谅。

听说你们那里也很苦，现在有一点味了。才半年，要出国两年日子是更不好过的。我想你一定很想家人的了吧。也没有办法，要出人头地，也要吃点苦的。二者选来，吃苦也还是上算的，祝福你学习上有更大的增长，精益求精，我们这班小兄弟也是有益处的，将来只有靠你了。

听说近来奖金要增加了，不知怎么个算法，我们店的生意也还是好的，就在前几天，清蒸食物中毒达五十二个人，有许多人是干部和市委人员，要停业，看来问题不小。

其他也写不出什么了，望你原谅，集中精力学习，好日子将在明天。

祝

一切顺利

事事如意

学习优良

夏建民

1986. 7. 16

18

仁兴兄您好：

来信已阅，工作较忙，未及时回信，请谅。

我已调到塑料公司经理部工作，想必苏已告知与你。我于86.5.20正式调入该公司。搞内部食堂工作。开始一月主要搞筹建。到上海出差，买了一些必要的餐具。内部搞了小煤炉，买了电冰箱，花去开办食堂费用近两万元。食堂堂面也还可以。

七月一日正式开业，开门的第一天，就办了十桌一百元的酒席。客人吃了相当满意。我店的主任和师兄也都来帮了忙。到今日为止，已做了近三千元的营业，平均每天一桌一百元的菜，情况比较好。

仁兄：现在我面临的困难是技术不精，核算不懂，为此常常感到烦恼，常常想到你。

仁兄，上次来信谈到培训一事，我与经理讲了，反映是研究一下，因为还要一段时间。我们三人在常州都比较好，常常讲到你。小夏现在参加公司的法制学习（脱产十五天）。大家祝愿你身体健康，克服最后一段时间的生活困难，多学技术，等待你的满意的学习归来。握手。

礼

屠建民

86.7.31草上

19

仁兴贤弟：学安！

在盼望之中，收到来信真是如喜至狂。及知你安抵沈阳甚感欣慰。分别数月有余，彼此都十分挂念，望你保重身体。

我们学习、生活是在云鹤沈楼，环境尚可：一楼洗澡，二楼教室，三楼食堂，四楼住宿。可好之处在于：闲时有彩电看，培训站为宿舍具备了一架20寸彩电，乘凉有阳台。我与启纯和两位天津学员住一间16平方米的房间。里有吊扇一把。伙食一般总言之：吃住跟你那里相比，要略胜一筹。

学习是紧张的，不说其他，光是干货涨发一章，就讲了26个课时。当然老师主要是为了多讲一些新意的缘故吧。

这次远离家乡深造专业，在理论方面进步较明显，实际方面目前不够理想，因为近三个主要是过理论关，当然寒窗之苦是不好受。这种苦我生平以来还是第一次。你就不用了，吃尽苦中苦，方能人上人。让我们共勉吧！启纯兄弟向你问好。

即烦！

愚兄刘国钧

书于四月二十七日中午

20

仁兴，你好！

近来学习情况想必一定很紧张吧，据说你们那里理论学习将要结束。是否真是这样？今天接到唐老师的来信，他提到了你们的艰苦生活，务必望老弟保重身体为安！我这里一切如常，望勿念。

十二日晚我培训站阮明耀老师已乘飞机直达沈阳，开什么中商部召开的九个培训站会议。东道主就在你站，如有机会请招待一下。因目前处境觉不妙，所以拜托老弟做一些努力。所用经费回常结算，详情下次再述。

我们这里可能在七月底结束，你那里估计什么时候完成学业？请复信说明。北京究竟去不去？如去我们在什么地方碰头？总之我们这次接受了一次严峻的考验。我还记得你说过的一句话，外出什么好事，不要努力争取，叫到我们那我们就去。这次尝到了“甜头”。好了，今天就简言到此，下次再详述。

祝身体安康

愚兄：国钧

八六．五．十三于武汉

21

仁兴，你好

来信收到，勿念，祝你身体健康，学习顺利。

收到你的来信。知你那里的生活比较艰苦，不过我这里的生活也是比较艰苦。没有办法，出来学习，也就认了。知道你的学习情况以后，我认为，我这里的学习情况比你那里糟多了。我这里来了是素菜烹饪、唐菜理论、营养卫生、厨房管理、食品化学、专题讲座、教学菜这些课，但是学员一直认为并不怎么样。唐菜名字好听，其实我们学的都是以曲江菜为主。整套的唐菜，有文字记载的不过是六十多，面试到成功的才三十多个，对外供应的才是几个。我们是一星期上课，一星期厨房劳动，给大家做为劳动力使用，真也就认了。特别是一星期理论课时，实在是说不过去。这里的教师都是与你我一样，前不久送去培训以后，现在任课。还有是兼课教师。虽说是特级、一级厨师。总的来说，讲的课空洞得很涉及不到理论的内容。我看这里的特级、一级厨师可以说是太多，光曲江春酒楼的特级厨师都有四五个，一级厨师 10 多个，连十八九岁的小年轻参加工作二三年都有三级、二级职称，所以这次教学菜学习是不会有多大的收获的，只是在唐菜的历史、营养卫生方面和食品化学能学到一点东西，我只能全力以赴，尽量多学一点东西，尽可能不虚此行。来信说到常州的二期培训班职称已发下来了，我也很高兴，你也确实够忙的了。我这里的生活情况，你可能已知道一点，我们南方人来没有大米吃可实在是受不了。我们这里也是每天馒头、面条为主。一星期差不多一顿米饭，以咸菜、芹菜、粉丝为主。这里的人也不知怎么习惯的。在这里我是每天吃鸡蛋、牛奶也就是奶粉冲了吃，不吃实在是不行。前几天感冒发热，躺了三天就吃一点。快速面、馒头也不好吃。我们这里的馒头是标粉馒头，很黑，看了都不要吃。你出门在外，特别注意自己的身体，可别像我一样躺下来。可以买一点罐头吃，鸡蛋都可以。我这里的其他情况基本正常，不用为我担心，今天我就写到这里。

致

礼

祝你身体健康，学习顺利。

茂 红

4.27

22

仁兴，你好：

首先祝你身体健康，学习顺利。

这次来信，收到以后，本想给你回信。由于自己的笔懒得动，再说前几天我正全部投入到图书馆中去了。我们这里的毕业论文每人两篇，我在这里没有一点资料，只能泡到图书馆中。抢一点资料来完成论文写作。天热也实在不想动，所以收到第二封信以后才动笔给你写回信，请你多原谅。上次原来公司教育课的吴润初来到西安来看我，他是从常州出来经武汉、河南、四川过来。先到刘国钧那里，再到西安，告诉我，国钧可能七月底八月初结业。可能我的回常时间还在你们后面，或者是差不多，有可能西安培训站想当先进创典型，所以对学生不管是站长、教师问结业时间都说把你们拖也要拖到九月中旬。其一，他们这里的厨师恰（确）实是人手不够，一般情况之下哪怕一天不帮干活，都会到宿舍里去叫干活。其二，这里的学生一多，对这里的职工灶的伙食他们说是好一点。对我们来说实在是吃不下，接受不了。看来还是到九月中旬回常没错了。我算是倒霉足足受了六个月的罪。也可以说非但没学到什么东西，倒是浪费了半年光阴。你说是不是，来信中看到你也是收获不大，不过这里的营养卫生这一课，倒是学到不少东西。其他都是以讲座形式上课，而营养卫生这一课上的都是大专的教材，笔记本足足记了一本。看来回家准备开营养卫生一课倒是不错。不过文不对题，你说是吗。

上次建中来信，谈到桃李春的经营情况，虽然是没亏本，但是我想没有到真正大伏天的淡季。上月营业一万四，你说怎么办，想想都着急。在我的想象中，虽然照相馆搬走，可桃李春没有老生意，这是一个薄弱点。须待到你回后再做具体的工作了。我可是无能为力，这并不是泄气，事实就是这样。

来到西安以后，情况基本摸清，回常州时等结业证，其他什么都没有，有的学生争取一张“技术鉴定证”希望很小，在这里的学习情况就是这样。身体很好，同时，请你多保重身体。西安的天气(确)实比较闷热，这几天是热得够呛。我们住在五楼，12个人一个房间，总算要到一只电扇，也是无济于事。不过我会注意身体的，请不用为我担心。对了，本来我也想到会常后，想办法，换到一张一级证书。你来信后，很高兴你也有同样的想法。回常后又很麻烦你跑了。老这样麻烦你，不知如何是好。今天就写到这里。

致

礼

祝你身体健康，学习顺利

茂　红

7.20

23

仁兴同学你好，并请代向大家同学问好：

我和大家分别后，乘坐了四天的火车于6月4号已平安到达昆明，望勿念。

这次大家从祖国各地到沈阳学习，有幸在一起相处了快两个月，和大家结下了深厚的友谊，结（识）了各地的同行。我（有）了知心的朋友，这是多么幸福的一件大事。时间虽然短暂，但我们的友谊是长存的。现在我虽然回到了昆明，到了自己的工作岗位，然而在我的脑海里想的是和大家朝夕相处的日日夜夜，和同事及亲友都讲的是和你们在一起学习生活的情况，特别是那天分别时的情景。学习时对我的深情厚谊更是难以忘怀。使我的心情久久不能平静，当时心里和大家一样难过。真不知该和你们说什么好。像老五（朱新民）同学我从内心感谢他，并请陆仁兴老师关照各位兄弟。由于学校的现状，下一步大家还会遇到什么问题，但我相信大家团结一致，一定能克服学习生活中的困难。请同学安心学习，取得好成绩，让我们在一起共勉吧！

我回昆后第二天就上班，单位的工作比较紧张，还有同学们要的资料我一定去搞。王茂红要的订单寄来给你。

另外请各老友将培训站能买的资料就帮代劳。

祝老友们心情愉快。

友发荣

86.6.10

24

仁兴贤兄：您好。

想必北京一行，平安顺利，愉快！

自5号与兄分手，一行数日连经，大连、青岛、上海，14号抵家。一路山清水秀，迷人之风景，实在念令人陶醉。尽兴之余，想与兄相处半载、同乐共苦，时值分离，实令人惆怅。有道是书信道情，稍得安慰。

自回家后，由于店里出国几人，人手不够。第二天就上班了。拖至今天才回信，真不好意思，望兄海谅。

14号抵家后，由于下月6号公司比武表演，加之又到汇报表演，所以一直很忙。这次仁兄的证书不知是否可直接换证？但愿顺心如意。我这次通过汇报，不论是领导，还是我自己都比较满意，所以二级是肯定的了。即使这样，也不过是徒有虚名罢了。我们这水平你是知道的。还望仁兴兄日后多多指教。

仁兄：相处半载，处处受兄弟照料、指点，使为弟受益不浅，只是小弟无才，无从报答仁兄的情谊，日后有用得着小弟的地方，应全力以报仁兄之情。

时间有限，下次再述。祝兄：

工作顺利，合永欢快。

端　斌

9.30

25

敬爱的仁兴好友：您好。

首先向您表示亲切的问候和良好的祝原（愿），祝你工作顺利，生活愉快，全家幸福。

我于十月一日从北京出发，三日顺利到达西宁（家中），经过几天的休息，已正式上班了，在各方面都很好，敬希勿念。

沈阳一别，已经一月有余了，我在此深为想念我们相处过的日日夜夜，您我千里相逢，既为同窗，又成好友，实在令人荣幸和愉快。在沈期间对我各方面的关心和帮助，终生难忘，永远感谢。

此次沈阳学习，不但增长了多方面的知识与才干，而且深交了几位象（像）您这样的朋友，实在是我一生的荣幸，但愿我们的关系日益发展，长期永存。

回单位后，您各方面都好吧？之（职）称方面是否很称心如意。希您来信详告，我在此分享您的欢乐和分担您的忧愁。

此信权为表达思念之情，请勿见信发笑。

祝

一切如意，愉快

友王孝生书

86.10.8 晚

26

仁兴同志：

我去上海看病三个月，到家看到你的来信，现寄去招生简章一份，请参阅。内部职工参加统考，按高校统一分数线录取，从高分到低分，没有照顾的话，如被录取，也不带工资，享受学生助学金待遇，到常州招生的事宜，现在还没有确定。望努力复习，积极应考。因我在家休息，不多写了。

致此

敬礼！

秦达伍

83. 6. 30

27

小陆：

您好！信收到，即给你去信。事情很巧，昨天曹荣军也因报考商专烹调系来学校了解情况，我陪他去了秦达伍家。因秦去上海治病未回（已近二日）没有碰到，而后到了暂时接替秦工作的路老师家，现将我所了解的情况告诉你。

关于省商专烹调专业内招生，是在6月2号由省商厅和省商教局发的通知。全省招13名在职厨工，基本条件要在商业技工学校烹调专业毕业，或已参加两年工作的青年厨工。各地报考为录取人数的4倍。据了解，你常州市应报考3名，报名时间在6月10日到15日。不知你是否报名填表。如没有，应即去。考试将在7月14日左右，是全国高考统一考试，考试科目以理工科的内容，时间很紧，要抓紧复习。根据姓路的老师讲，虽然各地都规定了报考名额，但还是择优录取。你常州3名好能录取1人以上，如差可以一人都不取。对于你有有利条件，一是商专对你比较了解，二是有实践基础，三是对内招生的录取条件可能要低一点。特别是如果专业上有特长，就是分数低一点，录取的可能性就大一点。因为据讲，省商专考虑指内招生，是为了将来留校当师资。所以你填表的时候，必须将自己现在的情况，特别是专业的情况详细讲清，以便学校了解。另外，凡报名考的人，考试结果后，全部材料要调到学校，由学校择优，就不再到各地方去了。负责这方面工作的人，原可能为秦达伍。因秦将在六月底回扬，是否马上上班，还不知道，但他肯定直接参与这次工作，所以，你可以与他及时取得联系。在昨天，我看到你办公室有你给秦的信。我估计，因秦不在家，不可能给你马上回信，不必等了。基本情况就这样，最后还想讲几句，烹调大专是全国第一届，是大有作为的。虽然目前学校条件不具备，但决心很大，投入的力量也很大，将来发展是有前途的，你能考上，也是很荣幸的。望你加紧学习，争取好成绩。踏进大学的门槛。

关于我自己的问题，原省厅想我校与商专合并，但扬州市不同意，并提出一些苛刻条件（需几百万元），并要调动干部，安排教师的人事权。商专当然也不会同意，所以上月份双方谈判未成。目前未有什么风声，看来商专已走另一条路，自己培养师资，我们如回去的可能性就很小了，我也心灰意冷，自认倒霉。坎坷的道路真漫长，今就写到这里，如有事不明白，再来信告知。

祝你顺利。

黄勤忠

6.13

28

小陆：

你好！因我粗心，把信寄错了。直到你今天的来信我才知道，贻误了你的大事，一想时间已是17号，已超过报道时限，心急已是无用，不知你是否到市招生委员会报名。要是报名了，其他事不是大事了。最近几天，我身体不好，在家休息了两天。在昨天吃晚饭时，赵国鸣告诉在15号下午有长途电话，不知是江阴的还是常州的，我估计，要是常州来的，肯定是你的。大概有些情况不了解，今天早上，我到校，看到了你的来信，才知道是怎么一回事。现在我已写信回家，叫我父亲将你的信寄给你，看来时间又得几天，现我将情况简单告诉你，省商专这次招生，是在外招生上另加的，全省要招13名，条件商技校毕业，已工作两年的28周岁在职厨工，报名人数是录取人数的4倍。据文件讲，你常州许报名3名，统一参加全国高考，定调专业为理科。因此你复习理科的各科内容。考第一届，有个有利条件，条件上可能要低一点，因为技工学校毕业的全省就这么几家，人数不多，水平普遍较低，虽然统考，估计最后录取分数较低，而且考试结束后，直接有商专调档审查，商专对你的情况还是了解的，具体负责的秦达伍，但最近在上海治病，尚未回来，现暂由路老师负责（你给秦的信，他不在家，不可能回信）。所以让你抓紧复习。到时候你给秦去信，讲讲，我也帮你去打个招呼。报考要填表，填表时，你应把现在的工作情况及业务技术情况作详细地介绍，以便学校对你了解。这届毕业生，特别指内招生，是商专解决师资力量的办法，所以最后毕业，将留一部分学生留校工作，望你争取努力。

目前，我身体不好，主要是肝脏肿大，人劳累感到不舒服，这病已有十多年历史，可能不会有什么大问题。今天到校后，上午连续上了4节课，看到你的来信，我想马上处理，也没有时间。抱歉了，基本情况就这样，你可到市招生办去联系，那里有文件，如不行，再来信，不多叙了。

致

祝你顺利！

黄勤忠

6.1

29

仁兴：你好！

来到尼日利亚已经半个月了，一切均好，请放心！

听说信使5号到这里，所以，我赶紧给你们写信，近来好吗？春节过得愉快吗？请代我向孙书记、王汉云、袁茂宏、王育明、殷全生、苏建成等各位老师、师傅们问好！我在万里之外，向你们拜年，恭祝你们新年快乐，身体健康、工作顺利、生活愉快、万事如意。同时也代我向许菊萍问好，也祝你们全家幸福。身处异国，我非常想念你们。

我是15日上午从上海乘中国民航到香港，于当晚乘荷兰航空公司的飞机经泰国和巴林国机场。16日上午8点到达荷兰首都阿姆斯特丹，在荷兰休息了8小时后。17日中午，又乘荷航7小时，于当日6时抵达尼日利亚拉各斯。饭店老板和太太到机场接我们，并请我们在另一家中国餐馆吃了顿晚饭（在拉各斯一共有十几家中国饭馆）。

到这儿，休息了一天，就叫我们去上班，头两天有些不舒服，由于时差和气候的关系，头有些发昏，现在基本适应了。这儿上班的时间，上午是10点半到下午3点，下午6点半到晚上10点半。现在这儿还有二（两）位北京师傅，他们在这儿已经一年多了，所以饭店经理对我们来，并不十分欢迎。另外，从言谈中，悉到他们对我们常州菜及常州师傅的技术有些偏见。我们一来，对我们各方面都有些苛刻。上班第三天，就把高级职员的饭菜和请客筵席交给我们做，用膳对象复杂，要求较高，加上人地生疏，语言不通，北京师傅还时常刁难我们。由于时差、气候因素，休息不好，头整天发昏，所以我们压力很大。但面对考验，也为了取得信誉，十多天来，我们每天工作十几个小时，下午连着干，冷盘、炒菜、点心都得做。幸亏我们配合还算好，还算过得去。前两天老板的朋友，宴请中国使馆大使和经餐（参）处参赞。我们做的一桌菜，受到赞赏，大使和参赞破例到厨房向我们致谢。身处异国他乡，这确是一种安慰。

现在我暂时做墩头配菜，蒋焕勤做煤炉，加上二位北京师傅，其余还有十几个黑人。这儿供应的菜和原料，与我们国内有些区别，而且已成习惯，所以我们还得尽快适应，同时还得加紧进学点英语，否则，指手画脚的工作很不方便。这几（年）的东西比前两年的贵多了，葱一斤要三个奈拉，合人民币 10 元，青椒、花菜都要三个多奈拉。白菜青菜也要一个多奈拉一斤。

我们住的地方离饭店六里多路。坐车 10 分钟，住宿条件还不错，二个人一个房间，有空调、沙发和写字台等，另外还有洗澡间、卫生间、客厅和厨房。这儿的天气是比较热。相当于国内八月份的气候，但因面临大西洋，所以还是比较凉爽的，只是上班厨房比较小，也比较热一点。

来了半个月，除了上下班坐汽车，还没有出过门。只是在汽车上领略一下异国风光。尼日利亚是非洲比较大、也是比较富裕的国家。主要出产石油，外国人在这儿经商和办企业的也很多。首都拉各斯市有几个大岛屿用许多交架的高速公路连接构成的，景色很美，建筑也很好，小汽车满街都是，商店也都很豪华。但听说近年来政局不太稳，经济不景气，通货膨胀很严重，治安也很不好，路旁的警察都是全副武装真枪实弹，我们住的地方和饭店都是使馆区，还算是比较安静的。

看来，这两年日子也很难熬，我们的老板脾气很怪，不好服侍。当然既来之，则安之，但愿时间长了，也许慢慢会适应吧！到这儿确实是尝到旧社会的味道，所以，得学会忍耐，有时还得忍气吞声。

好（了）时间不早了，已经是深夜 3 点多钟了，也许这时你们该吃中饭了。今天啰嗦到此，下午（次）来信再谈吧！望多来信。

最后，再次祝你身体健康、工作顺利、生活愉快。再见！

祝

一切好！

建成草上（2月25日收到）

86.2.3夜

通信地址：北京外交部信使队转

中国驻尼日利亚大使馆经参处（大华饭店）

胡建成（收）即可

30

仁兴同学：你好！

来信接到数日，并40之（元）钱，未能及时与你去信，请谅解！

我本是9日晚动身去扬州，13日早乘汽车达南京返徐。未能会于扬州，乃是憾事，后（追）悔末（未）及，本打算去扬州之前与你通信讲清楚，方能会面扬州。蹄筋与你带捎去，晚也，晚也。今日邮去蹄筋5斤，请查收。邮寄时疏忽大意，没有核对重量，回家后方见包裹单上重量是2.05公斤，有误与否，请查收为准。

别的不多说，下次再说！

此致

徐守富

5.22

31

仁兴友：

提笔向你表示最热烈的祝贺，祝你青云直上。

友，未谈之前，首先向你作检讨，由于自己穷忙，再加上自己的笔头比较懒，所以好些时间没有和你通信了，请友多多地原谅。

友，星期五到李子银那儿去，听李子银讲，你以优秀的成绩博取了市饮服公司的信任，让你担任兴隆园菜馆的副主任。这允许（充分）体现出市饮服公司知人善任的良好作风。这主要是你刻苦努力的结果，这是你的光荣，也是我们全体烹 781 班同学的骄傲，我再一次向友表示衷心地祝贺，望友再接再厉，永攀高峰。友，想想我自己有多惭愧，同是一年到校报到的，同在一起学习，毕业哈（还）不到一年，我们的悬殊就这么大。但，我还是有信心的，努力学习，向你学习。今后还望友多多指教，可别当了“官”，就忘掉我们这些小老百姓了。哈哈，我相信友是不会的，你不是那种人。

友，我现在的情况和以前一样，没有什么变化，我上次和你说，我准备到玄武湖去学习几个月，可后来因为我校成立了基建办公室。把我抽来搞基建，搞出纳会计。不过这是暂时的，今后厨房开伙，我还是要干我的老本行的。但现在还不知道到那（哪）一天。做一天和尚撞一天钟，也许我这种想法有些不对头，但也没有办法，我现在一切都很好，和领导、老师、青工们的关系都非常好。我现在担任团支部书记的职务，但我觉得担子很重，但慢慢来吧。在此也请你给我指条路，好吧。

好了，今天就谈到此了，请你在百忙当中抽来时间到南京来玩一玩，我和子银热烈欢迎你光临。如果有时间的话我一定到常州来拜访你，你欢迎吧！我希望有机会到贵处来拜访时，能让我见一见未来的嫂子。哈哈，不过你可不能向我保密呀，好了，就此搁笔。

祝

飞黄腾达，青云直上

愚友：正祥

一九八〇年十一月二日

32

顺（仁）兴兄：

您好！自从上次在常州一别后，由于自己笔头比较（懒），再加上开学有些忙，一直没给你写信，请原谅。

上次在家，关于我分配问题，有求于王老师，但由于实验菜馆要关门，不知在高校说得说不上话，虽然一到校，代你向他问好，但思想上觉得他办不成这件事。这是我的不对，请原谅。我算命时辰讲我是太傲，易后悔，也许是这样吧。

昨天王老师收到了你的信，刚好在便门街上遇见他，由于当时旁边有同学，所以今天到他宿舍去了。他看来比较够朋友，我也把自己的困难讲了一遍，他答应对袁科长讲讲，帮帮忙。另外还对我讲，班主任是关键，要搞好与班主任的关系。这样，我觉得你能和这样的人打交道，是有眼力的。

上次在常，准备送东西，由于我不认识他家，便和程子南一块去了，还好一切顺利，要没有程子南陪着，看样子不会收下。

这一次分配，搞得比较紧，一会填表格，一会填志愿。简直伤透脑筋。

这样，班主任哪(那)里，叫程子南再讲讲，政工组，王老师在(再)讲讲，这样也许有些眉目了。但不知道王老师到底有多少能耐。

为了对我有利起见，我还写信给家里，叫家里写封信给班主任诉苦，这样班主任也许好讲些。

好了，啰啰嗦嗦，讲了这么多，你确实帮了我的大忙。信就写到这里，就此搁笔。

祝工作顺利，

生活愉快。

愚兄健健

1981.3.13

33

陆主任：您好

别后已近半年，一直未给您来信，很是抱歉，但您是会谅解的。一则来后近两个多月校筹建于9月10号正式对外营业，二则近两个多月的工作来说还是摸索规律，总结完善营业各个环节之不足处。最近略有一些程序，如品种、口味、营业时间，但主要问题，工作证、居住证近期才办妥。可说松了半口气，关键之关键，餐馆的营业上税务和转汇一直在商讨之中，估计近期将得到解决，到时候再给你来信谈。省工作组于11月9号到阿，由闵总经理一行4人陪同。主要意见有这些：1. 解决餐馆有关重大事项，如居住证、劳动工作证、税务、转汇及个人分配方案。2. 开辟阿方新市场，省技公司是包罗万象承接各方面任务但中国餐馆是窗口是基地，故特别要解决好中国餐馆各方面事宜。

我来后身体工作各方面，经过一段适应过程已由不习惯到习惯，不熟悉到比较熟悉的境地。每天早上基本上要作（做）早餐（另有一厨师配合。他们是轮留（流），车轮战我），常见品种油条、麻团、汤团元宵、各式包子、饼类变换做；中午12点～下午2：30点对外供应，下午7点～12点对外供应，每天吃4餐，早上是10点早餐，2：30时后吃中饭，5：30时吃早晚饭上班，深夜12点后再吃一餐。每月暂定伙食标准600第耐尔，相当于人民币39600元，我们吃的具体在450第耐尔，略节约点，水果、奶粉饼干等经常发给每个同志，吃可说是比国内条件好，但品种较单调，鸡（洋鸡）、鸡蛋、牛肉（草牛）、羊肉、海鱼，蔬菜品种如白萝卜、胡萝卜、包菜、茄子、西红柿等可说外国货没我们国内吃口好，这大概是地理、气候、种子、质地各方面因素。这里气候宜人，首都阿尔及尔有小巴黎之称，生活水准较高，这是个旅游消费区，衣装、家具昂贵得叫人吐舌头，如一件我们可穿衬衣要90ca（第耐尔），一件西装上衣要700—800ca，一张三人沙发要8000ca，牛肉要100多ca 1公斤，包菜16ca，鸡蛋每只1个ca，鸡25ca 1公斤，如此等等。我每夜深人静之时无不想到和我朝夕相处、共同工作的您及其他好友，但还有一年半我们又将相会和工作在一起，又感到欣慰。您家人和小千斤（金）一定身体康健，您又要工作又要劳家务，一定很辛苦。在此我对您在本人不在家，对我家人各方面关心深表谢意，来日方长。祝您全家安康，万事如意。

代问老母好，和店其他师傅好；

代问小葛好。

小方草上于阿 中国餐馆

1985.12.3 晨 3 点

34

仁兴兄，您好

本来理应到阿后，立即给您写信，由于受寄信条件限制，所以至今才给您信，请原谅。

我们自 6 月 24 号晚 8:30 分乘德航 747 机离京，于 25 号中午 1 时（当地时间比国内时间慢 7 小时）到阿尔及尔，由使馆来车接我们到使馆招待所。驻阿大使破例接见了我们，到招待所我们自己开火做饭，所以我们在生活上也比较习惯。

来阿后我们领略整个城市，宾馆离地中海只有几百米，风景相当好。整个城市沿地中海呈月牙形，依山而作。城市建筑也十分欧化，街面上房子都是五层以上高楼，呈乳白色，但街上不大（太）干净。商店一家接一家，除超级市场外，大都是私人经营。店里货物品种不多，但价格却比国内贵十倍左右。一件衬衫需人民币 50—60 元，45—50 元一公斤牛肉等，我们看了很吃惊，但鸡蛋、白糖、面粉、食油等基本生活食品相当便宜。这里的气候很好，现在虽是夏季，但不太出汗，尤其是晚上很凉快。

当地人很懒散，街上闲站闲坐的人很多，尤其小偷特多，在我们招待所曾发生过偷窃，这里的人也比较封建，晚上街上看不见女的，但也有暗妓。

我们为了节省开支，做好开张准备，已在17号搬进餐馆居住。但地下室通风仍未搞好，现只能住二楼堂口，大家睡地铺。

我们餐馆至今未开张，主要原因：1. 国内运来的物资虽到好久，但手续不齐全，取货相当困难，至今未提取。2. 劳动许可证未领到。3. 每个人的居住证至今未办好等原因。所以我估计要到8月20号才能开张。现在大家每天没什么事干，闲得慌，虽然来了只有一个月，但觉得时间已经很长，很有点想家。这里的人与人之间关系也比较难处，不言而喻，你也会明白的。反正我不想滚（混）进他们的漩涡，我们每个人的工资待遇都还未讲。

老兄您办烹调教学事业一定很忙吧，您受过良好的专业训练，比我们强得多，是我们常州烹调业不可多得的人才，祝愿你在事业上有更大的奋进。

苏建成现在仍是搞采购，想来也很忙，外交能力保证有了很大的长进。本来也应该给他写信的，因受寄信数量的制约，所以只能请您转告一下，并请谅解。有你们俩做朋友，我感到很荣幸，您还破费送我礼物，特地到车站送行，我从心里感谢您，请您向许菊萍问好，并祝她幸福。并请向张科长、王老师等问好。

因下午马上有人来取信，所以潦潦草草给您写了一封信，写得很杂乱，请您谅介（解）。等以后再给您信吧。

祝

身体健康

建　平

7.29 中午

35

陆仁兴同志您好：

据说你现将编写常州菜谱教材，我祝你成功，望你早日完成！这是一件有意义的好事，随着人们生活水平的日益改善和提高，不断提高烹调技艺水平，为人民提供更多更好的菜肴食品，进一步保持我国传统烹调技术和常州菜肴，然后去发掘新的菜肴，这是新形势的需要，由于自己的水平有限，我愿为振兴中华，建设常州，为使新的常州菜谱早日与广大群众见面，贡献自己的一份力量。下面我想为菜谱提供一些资料和一些愿望。请指导，如有不妥，望谅解。

（一）书名：常州菜谱

（二）封面，封底

用彩色照片刊出一些名菜和工艺菜，要达到广告形式，使人有一目了然，引人入胜感。

（三）前言：

介绍一下常州菜的历史和传统。有声誉名望的菜肴、菜馆，较有名声的厨师。再介绍新创制的菜肴。内容要有较强的表达力和吸引力。

（四）目录：

① 介绍烹调概况

② 常州菜的特征

③ 烹调工具及设备

④ 菜肴的营养和卫生

⑤ 原料的品种及加工

⑥ 切配技术

⑦ 烹调操作技术

⑧ 菜肴日制作方法

⑨ 食品雕刻

⑩ 筵席知识

⑪ 常州名点介绍

⑫ 中西菜肴介绍

……

总之，选用的一些菜肴内容更好一些的，由浅入深，丰富多彩，图文并茂，雅俗共赏。据我现找到的资料中，如你有望作参考：

较有名望声誉的店有：1. 兴隆园菜馆，2. 马复兴面馆，3. 三鲜馄饨店，4. 德泰恒菜馆，5. 朱伯记馄饨店，6. 义隆素菜馆，7. 迎桂馒头店，8. 长兴楼菜馆。

常州名菜有：

一、红烧青鱼

二、松鼠桂鱼

三、网油卷

四、金钱饼

五、糟扣肉

六、素火腿

常州名点有：1. 大麻糕，2. 马蹄酥 3. 加蟹小笼包，4. 银丝面，5. 鸡汤馄饨。

金坛名菜：清蒸鸭饺。

情况介绍：

糟扣肉

此菜在常州有近五十余年的历史，以往是将肉皮上搭些酱色而已，直至 1925 年才有改进，现已成为当地名菜。

以县直街“德泰恒”制作的最佳，销路也较广。

清蒸鸭饺

此菜是金坛名菜，相传有八十余年历史，当地农民和外来旅客均很爱吃，现在的金坛“怡园”菜馆制作较佳。

素火腿

此菜已有七十多年历史，以常州“义隆”素菜馆为最著名，此菜特点是净素的，清香鲜美，而且经久不变，因携带方便，经常有人购往北京、上海、东北和西北各地，故闻名全国。

金钱饼

此菜为常州特有名菜，1912 年间常州“兴隆园”厨师周焕生创制，是用常州土特产豆渣饼嵌成肉馅油炸而成，饼的颜色中间金黄，四周蛋黄，外形美观，松脆鲜美，肉嫩稍有卤汁。

大麻糕

此点历史悠久，以“大观园”（即张顺兴）较为著名，该店已有七十余年历史，名闻邻近各县，大麻糕是依照大饼的制法，经老师傅逐步改良，提高质量而成。

加蟹馒头

加蟹馒头为常州甘棠桥堍“云楼”馒头店始创，该店后迁西瀛里改称“迎桂馒头店”，迄今有七十年历史，加蟹馒头皮薄，色透明，馅心松嫩，卤多汁浓，味鲜，趁热吃，蘸以姜丝、香醋更佳。

以上也许会不详，由于时间紧，加上工作学习有些忙乱，请多多帮助。

下面我把自己的情况介绍一下：

自从去年公司组织的烹饪培训班，自己收获很大，自己亲眼看到名师指导和指点，在技术上、工作上起着推动和促进。本人是七九年招工进行业的，由于自己爱好，觉得烹饪这是一门很有技术的东西，平时自己喜欢买一些菜实践，喜欢买一些菜谱。如《中国食品科技》《中国烹饪》《市场报》等杂志刊物。自己总觉得年轻人要有一股朝气，要有对事业充满着必胜信心和责任感。只有这样，才能在技术上取得成果，但还要有知难而进的精神。现自己组织了有规律的学习，每天学习烹饪技术两小时，每星期自己制作一种菜，让自己总觉得感到高兴，自己设想在两年时间里编写一些菜谱。我想，只要有信心，一定会完成的。为使老一代烹饪技艺的发展，并保持具有传统，我一定会早日完成。

请代问：吴主任、唐师傅、严师傅，各位好！

如有机会，面谈，不多写了。

祝你成功！

望来信指点帮助，及你的设想。

寄：本市邮电路13号本市甘棠桥点心店厨工

汤志元收

汤志元28岁

1984.5.15中午

36

仁兴友：您好！

国庆，中秋佳节很快过去了。由于我回常时间较紧，没能好好和你欢聚，好在我俩还见面一次，互叙情况，我是本月4日离常的。

估计你已回原单位工作了吧，最近也一定很忙吧。望有空能来信谈谈你的最近情况，当然包括你的工作、学习、生活方面等。

我4日回厂以后，工作仍与以前一样，在对口办公室工作，整天工地上走走，了解情况，借这个机会能学习本专业的许多实际知识。对大型工程的建造过程有一个全过程的了解，可以说也是一种本领吧。然而，我觉得时间太紧了，几乎没有什么空余时间来好好学习下理论知识及英语。每天早晨七点就乘车上班，中午十一点下班吃饭，一点就要上班，晚上下班要六点钟，吃过晚饭以后，不是同事们来玩，就是我到同事家去。再加上其他的大小事情，都只能抽晚上这点时间完成。因此，坐下定心的学一点东西的时间就几乎没有。虽然自己发现自己的知识水平还很浅，但可以说是心有余而力不足，我正在想办法弥补。

不知你是否会有机会到我这里来玩一趟，我是大力欢迎。到我这里来可以看一看，这儿苏北农村的样子，看一看我们工地的情况，我下次回家可能要到春节。望到此能到我家来游玩。好吧，今就到此。

祝

工作顺利

友国平

82. 10. 11

37

菊萍贤妻：

您好！离常来沈已有一周，时刻想念，想念您和小咪咪。以前在扬州学习是单身一人，现在是有妻儿挂念，心上真有点不是滋味，同时感到把家务、小咪咪大部分担子压在你身上有点对不起你。自我们结婚以来，你为我的事业作出了相当的牺牲。此时我很是感激和惭愧。

来沈一周至今才有点规律，故今天写信，想必你十分焦急，望请多多原谅。

来沈阳情况大体是：

从常州上车至沈阳下来时间是12日晚7点20分。在车上有好几个常州人，大家相互闲谈、看书、很自在。出站的时候有一位常州人帮我拎包，出站就有培训站的小汽车接到旅社。路上是一帆风顺的，请放心。

培训站把我们安排在培训站附近的一家私人旅社“春城旅店”。此旅店地方虽小，但条件尚可，用冷水、热水很方便，房间卫生尚好。我们房间上下铺住十个同学，都是来自全国各地的，有甘肃、云南、陕西、江西、青海等。彼此之间关系尚融洽。

在饮食方面：每日三餐。早晨7.00–8.00点吃早饭，有粥、馒、小菜。中午11.30–12:00点吃午饭，有大米饭、汤或菜。晚上4:00–5:00点吃晚饭，同样是大米饭、汤或菜。东北的大米比我们常州的大米还要好，所以在饮食上我很习惯。每月30斤粮，21.00元。

在学习方面，今天（18日）才正式上课。理论方面安排有烹饪美学（鲁迅美术学院教授任教）、中国烹饪发展史、宫廷菜发展史（辽宁大学教授任教）、营养学（中国医科大学教授任教）。实际方面安排四十个宫廷菜和下御膳酒楼实习，有特级厨师任教。在学习方面是定能有收获的。今天是第一次听教授上课，水平确实高。学习可望九月中旬结束。

近来家中可好？你身体如何？小咪咪可好？

在这半年中，你要很好注意身体，带好咪咪。兴隆园是否开张营业。在你身体与工作发生矛盾之时，要服从身体要休息，在带咪咪与工作发生矛盾时，要服从咪咪。咪咪是我们俩唯一的孩子，是我们共同希望所在。在这半年里不要考虑奖金、经济，只求太平无事。

这是我们结婚以来第一次长期分别工作、生活，是我们加深感情和发展感情的一次机会，是考验我们的时候，我们要用书信来加深感情。

这半年我不在家，你在生活上、工作上困难肯定很大，望暂时克困。时间会很快过去的，一切会好的。

今天就写到这里，如有人问你我的情况，你略说一下学习方面的，其他就不要多说（特别是生活方面）。

代问候您父母亲好！祝他们生活愉快。

最后祝你工作愉快，身体健康，祝咪咪天真活泼，健康生长。

丈夫：仁兴

1986 年 4 月 18 日

通信地址：沈阳市和平区民族予五段十三里六号（春城旅社）

或是：沈阳市和平区御膳酒楼培训班

第一个地址通信方便。

现在沈阳天气情况与常州很相似，我很适应。

38

亲爱的仁兴：

您好！

来信已收到，信中的内容阅知，近来家中一切都很好，请您放心。

每逢佳节倍思亲，一年一度的国际“五一”劳动节接（即）将来临，我更加想念远方沈阳的你，使我日思夜梦，真多次在梦中看到你，使我想到平时你在我的身边好象（像）总时（是）这样过日子，一旦你真的走了，总决（觉）得好象（像）落了魂一样，饭吃不香，睡不好觉，日夜思念着你，如同你说的一样，自从我们结婚已（以）来，第一次这样长的时间分别，确确实实是不习惯，但我相信我们的感情，也象（像）我们谈恋爱那样深，那样是（使）人迷恋。

自从你11日走，我们就到我妈那里去了，小咪咪天真活泼可爱，就是一到晚上哭叫着要爸爸，我连骗带哄，我去叫爸爸来，夜里醒来哭闹着要爸爸，这孩子已懂了好象（像）你不在家，她更闹着起劲，但一切都会很快过去的。

兴隆园准备在4月26日开张营业，使（自）从你走了以后，我到14日在（再）上班，上班也是去看看，也没有什么大事，要我们女的去，主要是早上去洗菜，晚上去洗几只碗，基本上我到8：25去店里，到9：30回家抱咪咪，10：50再去吃饭，12点下班，就到5点钟在（再）去，到6：30就回来，一天的工作量比较轻松。另外，仁林的胃病他现在几个月之内不准备回常治疗，因为他厂现在正当30%的工资调整，如到常来住院，工资不可能伦（轮）到仁林，所以仁林现在可能不回常州治疗，等工资调整以后在（再）说。

在这半年里，我不在你的身边，你要多加注意身体，天气一天比一天热起来了，保重身体要紧，你身体好，也就是我们的幸福。信就写到这里，祝你身体康乐，万事如意，以优异的成绩回常来发挥你的作用。

祝你

康乐

您的妻 菊萍上

1986年4月23日晚

致：请放心

另：最好写封信，到我妈那里。地址：清凉新村甲单元201

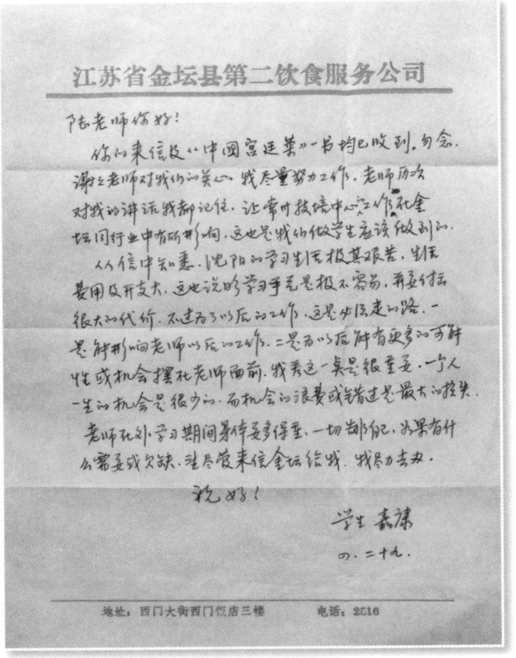

江苏省金坛县第二饮食服务公司

陆老师你好！

你的来信及《中国宫廷菜》一书均已收到，勿念。谢谢老师对我们的关心，我尽量努力工作。老师历次对我的讲话我都记住，让常州技培中心工作在金坛同行业中有所影响，这也是我们做学生应该做到的。

从信中知悉，沈阳的学习生活极其艰苦，生活费用及开支大，这也说明学习手艺是极不容易，并要付出很大的代价，不过为了以后的工作，这是必须走的路。一是能影响老师以后的工作，二是为以后能有更多的可能性或机会摆在老师面前，我看这一点是很重要。一个人一生的机会是很少的，而机会的浪费或错过是最大的损失。

老师在外学习期间身体要多保重，一切都好吧，如果有什么需要或欠缺，请尽管来信金坛给我，我尽力去办。

祝好！

学生 嘉祺

四.二十九.

地址：西门大街西门饭店三楼　　电话：2516

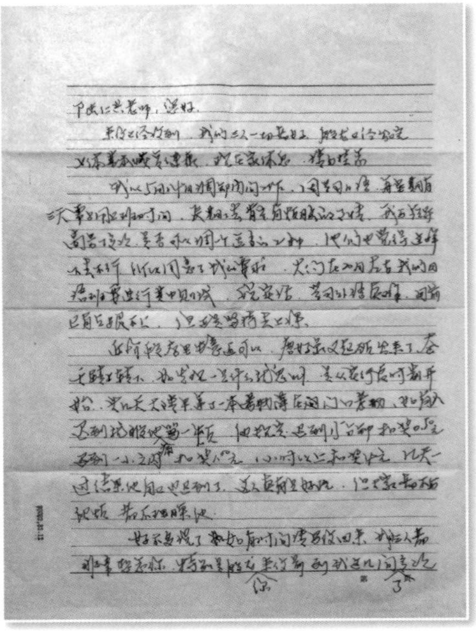

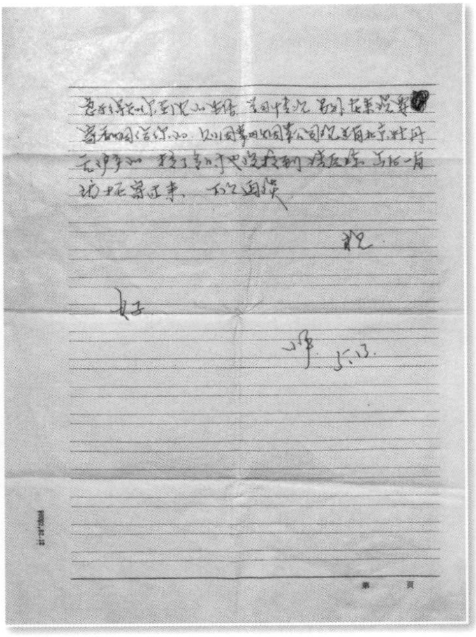

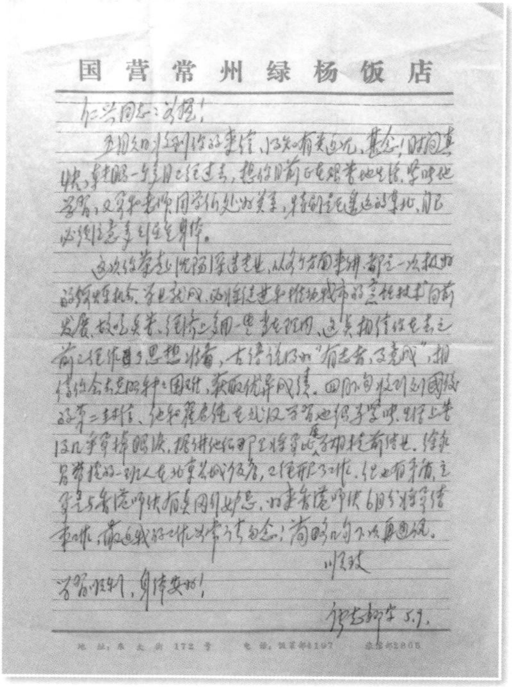

国营常州绿杨饭店

仁兴同志：您好！

五月五日收到你的来信，得知有关近况，甚念！时间真快，[illegible]一年多日已经过去，想你目前正在[illegible]生活、学习[illegible]，与[illegible]老师同学们处好关系，[illegible]。

这次你参加[illegible]，从各个方面来讲，都是一次[illegible]的[illegible]机会，[illegible]。[illegible]“有志者，事竟成”，相信你会[illegible]团结，获取优异成绩。[illegible]

[illegible]

顺致

学习顺利，身体安好！

[illegible] 5.7.

地址：东大街172号 电话：饭店部4197 [illegible]

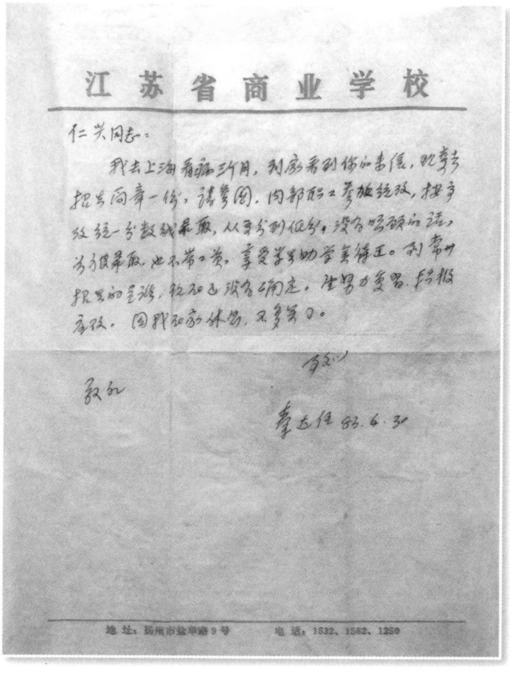

江苏省商业学校

仁兴同志：

我去上海看病三个月，到家看到你的来信，现寄去招生简章一份，请参阅。内部职工参加统考，按全省统一分数线录取，从高分到低分，没有照顾的话，分数很难取，也不[illegible]，享受学习的学费待遇。到常州招生的名额，现在还没有确定。望努力复习，争取考取。因我在家休养，不多写了。

致礼

敬礼

李达仁 83.6.30

地址：扬州市盐阜路9号 电话：1532、1582、1250

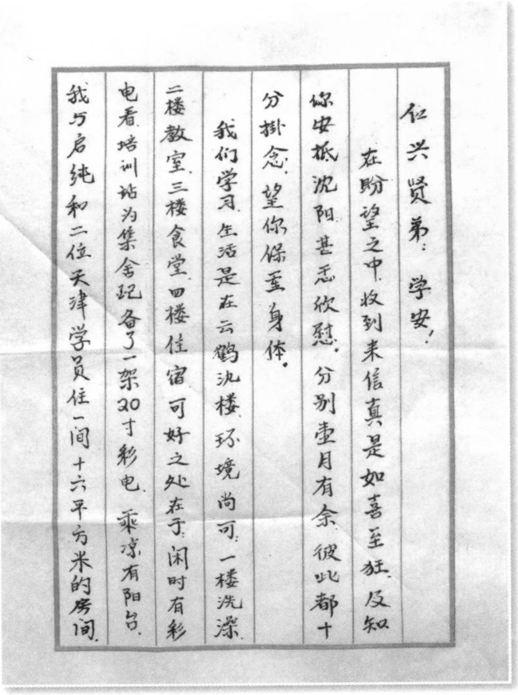

仁兴贤弟：学安！

在盼望之中收到来信真是如喜至狂。反知你安抵沈阳甚感欣慰。分别壹月有余 彼此都十分挂念。望你保重身体。

我们学习、生活是在云鹤沈楼，环境尚可。一楼洗澡 二楼教室，三楼食堂，四楼住宿，可好之处在于闲时有彩电看，培训站为集舍现备了一架20寸彩电。乘凉有阳台。我与启纯和二位天津学员住一间十六平方米的房间。

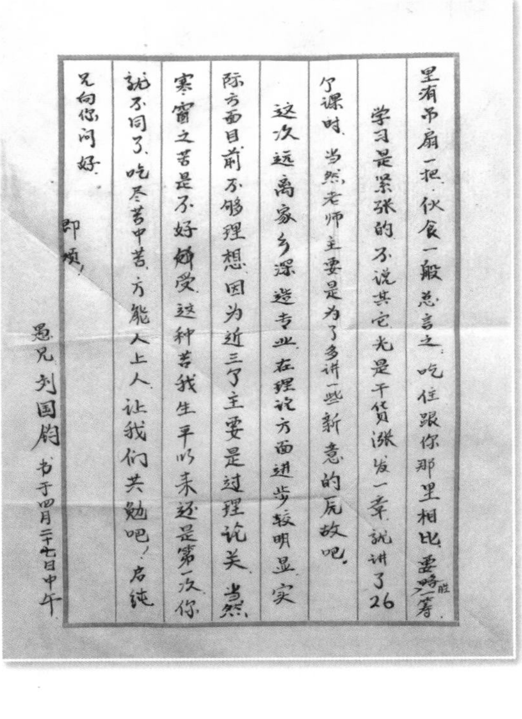

里有吊扇一把。伙食一般，总言之：吃住跟你那里相比，要略胜一筹。

学习是紧张的，不说其它光是干货涨发一章就讲了26个课时。当然老师主要是为了多讲一些新意的原故吧。

这次远离家乡深造专业，在理论方面进步较明显，实际方面目前不够理想，因为近三个主要是过理论关。当然，寒窗之苦是不好忍受，这种苦我生平以来还是第一次，你就不同了。吃尽苦中苦，方能人上人。让我们共勉吧！启纯兄向你问好。

即颂！

愚兄 刘国钧 书于四月二十七日中午

附　二

流年碎影

◆ 作者（四排右七）毕业于江苏省商业学校烹饪专业

◆ 作者在首届技运会上作获奖发言

◆ 作者（右二）在技运会上领奖

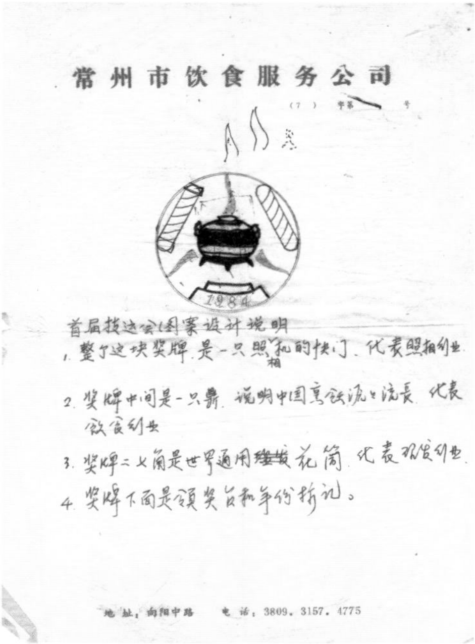
常州市饮食服务公司

（7） 字第 号

首届技运会图案设计说明

1. 整个这块奖牌，是一只照相机的快门，代表照相行业

2. 奖牌中间是一只鼎，说明中国烹饪源远流长，代表饮食行业

3. 奖牌二边是世界通用花筒，代表理发行业

4. 奖牌下面是领奖台和年份标记。

地址：向阳中路 电话：3809、3157、4775

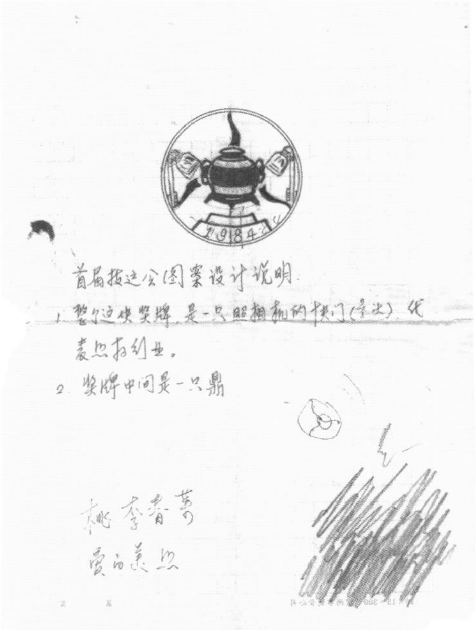
首届技运会图案设计说明

1. 整个这块奖牌，是一只照相机的快门（手法）代表照相行业。

2. 奖牌中间是一只鼎

◆ 作者设计的首届技运会会徽草图

◆ 作者（右二）讲解菜肴刀法

◆ 作者（右三）担任烹饪技术比赛评委

◆ 作者（右三）讲评艺术造型“花篮冷盘”

◆作者讲解烹饪知识

◆ 作者（左三）示范教学菜

◆ 作者（左二）示范教学菜

◆ 作者（右二）与常州名厨严志成（右三）、唐志卿（右四）合影

◆ 作者（右二）指导学员烹制菜肴

◆ 1984 年，作者参加江苏省烹饪教材编纂会议
（左五高浩兴、左六唐志卿、右一彭东生、右三陆仁兴、右五王镇）

◆ 1988 年 12 月，摄于扬州商业技校（四排右二为作者）

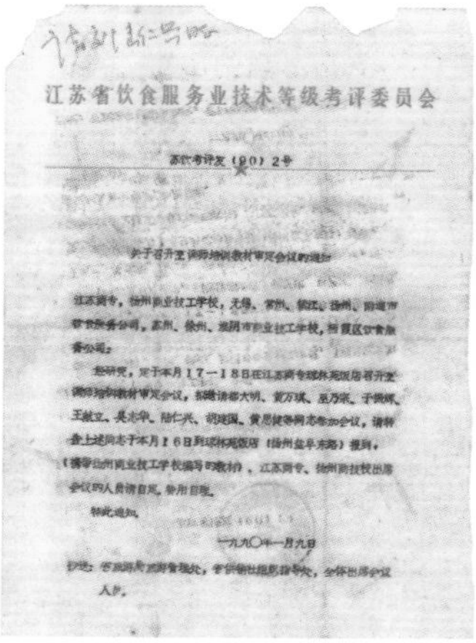

江苏省饮食服务业技术等级考评委员会

苏饮考评发（90）2号

关于召开烹调师培训教材审定会议的通知

江苏商专，扬州商业技工学校，无锡、常州、镇江、扬州、南通市饮食服务公司，苏州、徐州、淮阴市商业技工学校，[illegible]饮食服务公司：

经研究，定于本月17—18日在江苏商专琼花宾馆召开烹调师培训教材审定会议，拟邀请邵大明、贺万斌、聂乃宗、于锦新、王献立、吴志华、陆仁兴、胡建国、黄思健等同志参加会议，请转告上述同志于本月16日到琼花宾馆（扬州盐阜东路）报到。（携带扬州商业技工学校编写的教材）、江苏商专、扬州商技校出席会议的人员请自定，食宿自理。

特此通知。

一九九〇年一月九日

抄送：[illegible]，全体出席会议人员。

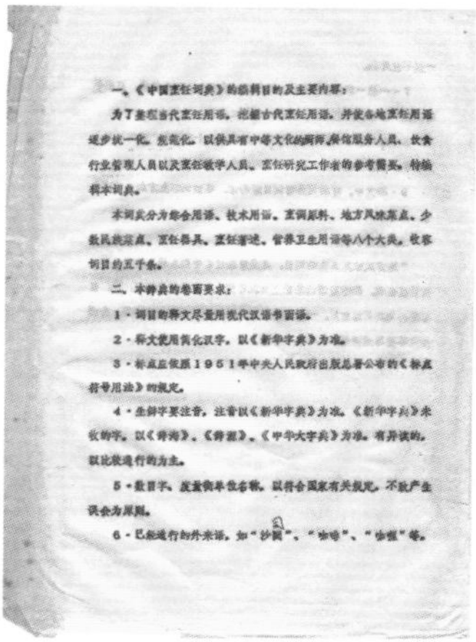

一、《中国烹饪词典》的编辑目的及主要内容：

为了整理当代烹饪用语，挖掘古代烹饪用语，并使各地烹饪用语逐步统一化、规范化，以供具有中等文化的厨师、餐馆服务人员、饮食行业管理人员以及烹饪教学人员、烹饪研究工作者的参考需要，特编辑本词典。

本词典分为综合用语、技术用语、烹调原料、地方风味菜点、少数民族菜点、烹饪器具、烹饪著述、营养卫生用语等八个大类，收录词目约五千条。

二、本辞典的编写要求：

1．词目的释文尽量用现代汉语书面语。

2．释文使用简化汉字，以《新华字典》为准。

3．标点应依照1951年中央人民政府出版总署公布的《标点符号用法》的规定。

4．生僻字要注音，注音以《新华字典》为准。《新华字典》未收的字，以《辞海》、《辞源》、《中华大字典》为准。有异读的，以比较通行的为主。

5．数目字、度量衡单位名称，以符合国家有关规定，不致产生误会为原则。

6．已经通行的外来语，如"沙锅"、"咖喱"、"咖啡"等，

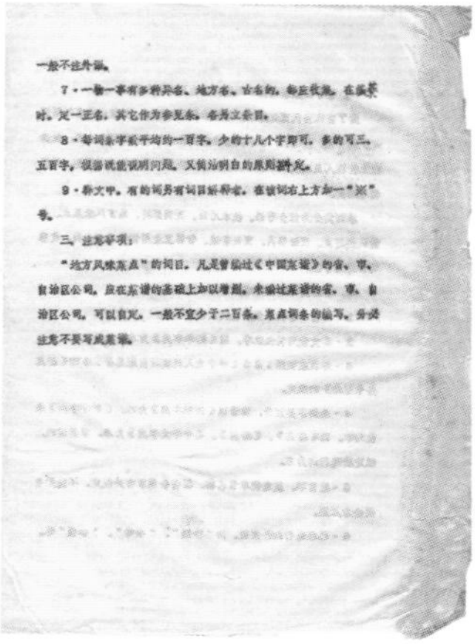

一般不注外语。

7．一物一事有多种异名、地方名、古名的，如应收集，在编写时，定一正名，其它作为参见条，各另立条目。

8．每词条字数平均约一百字，少的十几个字即可，多的可三、五百字，但要既能说明问题，又简洁明白的原则进行。

9．释文中，有的词另有词目解释者，在该词右上方加一"※"号。

三、注意事项：

"地方风味菜点"的词目，凡是曾编过《中国菜谱》的省、市、自治区公司，应在菜谱的基础上加以增删，未编过菜谱的省、市、自治区公司，可以自定，一般不宜少于二百条。菜点词条的编写，务必注意不要写成菜谱。

江苏省饮食服务公司

《中国菜谱》（江苏）暨《中国烹饪词典·地方风味菜点》汇稿会议通讯录

一九八四年五月于徐州市饮食公司资兴宾馆

姓名	性别	年龄	工作单位	职务	电话	姓名	性别	年龄	工作单位	职务	电话
肖帆	男	68	商业部商业经济研究所		668581—2455	钱曙春	女	23	徐州市饮服公司	办事员	24548
陈超凡	男	62	商业部商业经济研究所	处长	668581—2455	朱进节	男	56	苏州市饮服公司	副科长	3880
李乃君	男	27	中国财经出版社		366465	于锦新	男	51	镇江市饮服公司工会	副主席	24684
汪广润	男	62	江苏省饮食服务公司	副经理	32131—394	朱国宾	男	51	泰州市饮服公司	副科长	2324
彭东生	男	38	江苏省饮食服务公司		32131—385	李振	男	60	连云港市饮服公司	干部	2839
陶文台	男	55	江苏省商业专科学校	讲师	23532	何寿祥	男	52	盐城市饮服公司饮食总店	经理	2048
张士奎	男		徐州市教师进修学院	讲师		王国曾	男	40	盐城市国营大众饭店	一级厨师	
丁梅玲	女	35	南京市饮食公司	副科长	41677	胡松荣	男	67	徐州市饮食公司业务科		22986
高祥龙	男	34	南京市饮食公司		43825	陈昌珍	男	58	徐州市饮食公司业务科	干部	22986
邵大明	男	35	无锡市商业局工会	副主席	25336	王传礼	男	41	徐州市饮食公司业务科	干部	22986
徐汉良	男	60	无锡市饮食公司		25149 26546	李庆重	男	60	连云港市饮服公司职工技校	校长	2839
唐志卿	男	49	常州市饮服公司技术培养中心	副主任	25463	张廷年	男	44	省扬州商业技工学校	教务员	23156
陆仁兴	男	27	常州市饮服公司技术培养中心	干部	25463	王镇	男	41	省扬州商业技工学校	教务员	23156
聂乃宗	男	48	南通市饮服公司		2217	张祖根	男	60	苏州市商业技工学校	校长	2404
程进军	男	30	淮阴市清河区饮服公司	办事员	463	吴志华	男	34	淮阴商业学校	研究组长	2483
戈永泉	男	56	常熟市饮服公司	副经长	658	王献立	男	40	徐州市商业技工学校	研究组长	23456

注：其中汪广润、陶文台、聂乃宗三同志为《中国烹饪词典》编委会委员。

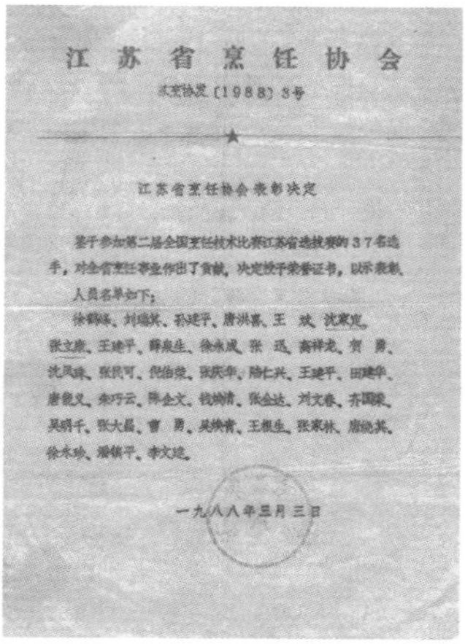

江苏省烹饪协会

苏烹协发〔1988〕3号

江苏省烹饪协会表彰决定

鉴于参加第二届全国烹饪技术比赛江苏省选拔赛的37名选手，对全省烹饪事业作出了贡献，决定授予荣誉证书，以示表彰。

人员名单如下：

徐鹤峰、刘瑞兴、孙建平、唐洪喜、王斌、沈家龙、张文彪、王建平、薛泉生、徐永成、张迅、高祥龙、贺勇、沈凤珠、张民可、倪伯荣、张庆华、陆仁兴、王建平、田建华、唐俊义、朱巧云、陈金文、钱鸿清、张金达、刘文春、乔国梁、吴明千、张大昌、曹勇、吴焕青、王根生、张家林、唐晓其、徐永珍、潘锦平、李文廷。

一九八八年三月三日

◆ 作者80年代参加江苏省饮服公司会议通知

◆ 1989 年糊涂鸡销售盛况

◆ 顾客边等待边阅读“糊涂鸡”说明书

◆ 门庭若市，水泄不通

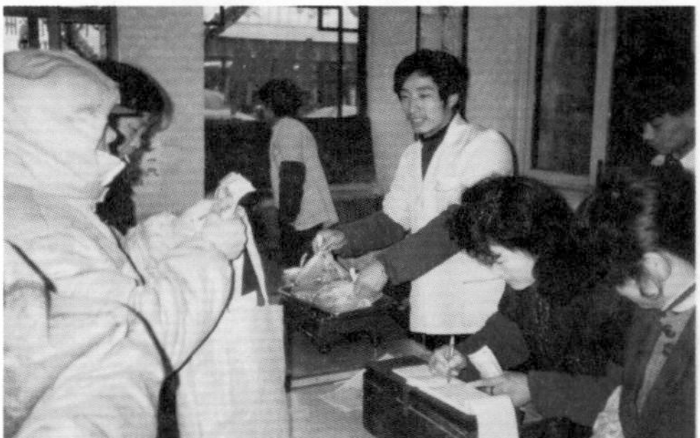

◆ 店经理亲自上阵为购买“糊涂鸡”的客人服务

◆ 风雨中，满街都是排队购买“糊涂鸡”的客人

◆ 久等后的喜悦

◆ 每人限购两只，但“我要增加一只”

◆ 耐心等待“糊涂鸡”出锅

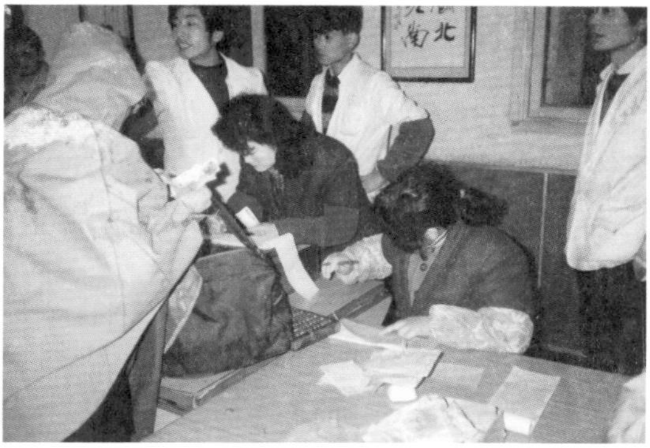

◆ 市民冒雪前来购买“糊涂鸡”

◆ 2009 年“糊涂鸡”销售盛况

◆ 2015 年，三鲜美食城九洲店开张，市民排队购买“糊涂鸡”

◆ 2019 年，“糊涂鸡”面市 30 周年酬谢活动

◆ 2019 年，《常州晚报》小记者现场采访“糊涂鸡”制作

◆ 1993 年 7 月前的“三鲜馄饨店”

◆ 1999 年的“三鲜美食城”夜景

◆ 2002 年 5 月至 2003 年 3 月，在西瀛里拆迁过渡的“三鲜美食城”

◆ 2002 年 4 月 23 日，常州老市民听说“三鲜美食城”要被拆迁了，纷纷赶来品尝三鲜馄饨

◆ 2002 年 5 月拆迁前，二楼餐厅服务员合影留念

◆ 2020 年的“三鲜美食城”

◆ 2018 年，作者（中）奖励夏雷社区优秀学子

◆ 2019 年，作者（中）奖励夏雷社区优秀学子

◆ 2006 年 8 月 5 日，作者与母亲合影

◆ 2018 年 6 月 12 日母亲生日，作者陪母亲游览红梅公园

奖状
陆仁兴同志：
在一九八七年度职工教育中，工作成绩显著，
被评为职工教育先进工作者。
特发此证，以资鼓励。
一九八八年三月 日

证書
字 号
陆仁兴同志参加
第二届全国烹饪技术
比赛江苏省选拔赛，
成绩优異，特发此証，
以示表彰。
江苏省烹饪协会
一九八八年二月三日

◆ 作者部分获奖证书